叢書・民話を生む人びと

「ジュノーさんのように」 ①

ヒロシマの医師をチェルノブイリへ・
チェルノブイリの子どもたちをヒロシマへ

ジュノーの会 編

而立書房

まえがき

　民話は民の話です。──
　私たちの話は、広島県の東のはずれの小さなまち、府中市での小声の語らいの中から生まれ、『山代巴を読む会ニュース』（第105号で終刊）に、次いで『ジュノーさんのように』（第112号まで既刊。発行継続中）に、こぼれゆく歴史の真実を、せめてひとしずくでもとどめようとするかのように、書き継がれてきました。
　いまでは、「ヒロシマの医師をチェルノブイリへ・チェルノブイリの子どもたちをヒロシマへ」という一つの民話から、「世界のヒバクシャとともに」という新しい民話へ向おうとしています。そして、その先には、「ヒロシマ国際人道支援委員会（"世界のヒバクシャ"支援国際委員会）」という民話が、ぼんやりと、ほのかに、五感に働きかけてきているような気がしています。
　私たちはこれからも民話を生みつづけたいと思っています。
　みなさんも、「民話を生む人びと」でありつづけてください。

　このシリーズは、ジュノーの会の会報『ジュノーさんのように』を、そのまま本にしたものです。本にするために、体裁だけは整えましたが、加筆・訂正はできる限り避けました。
　私たちが20年間紡いできた『ジュノーさんのように』の長編民話（全18〜20巻になる予定です）が、少しでも、みなさんお一人おひとりのお役に立つことができれば、うれしいです。
　2010年10月

甲斐　等（ジュノーの会代表）

橘高正夫・画

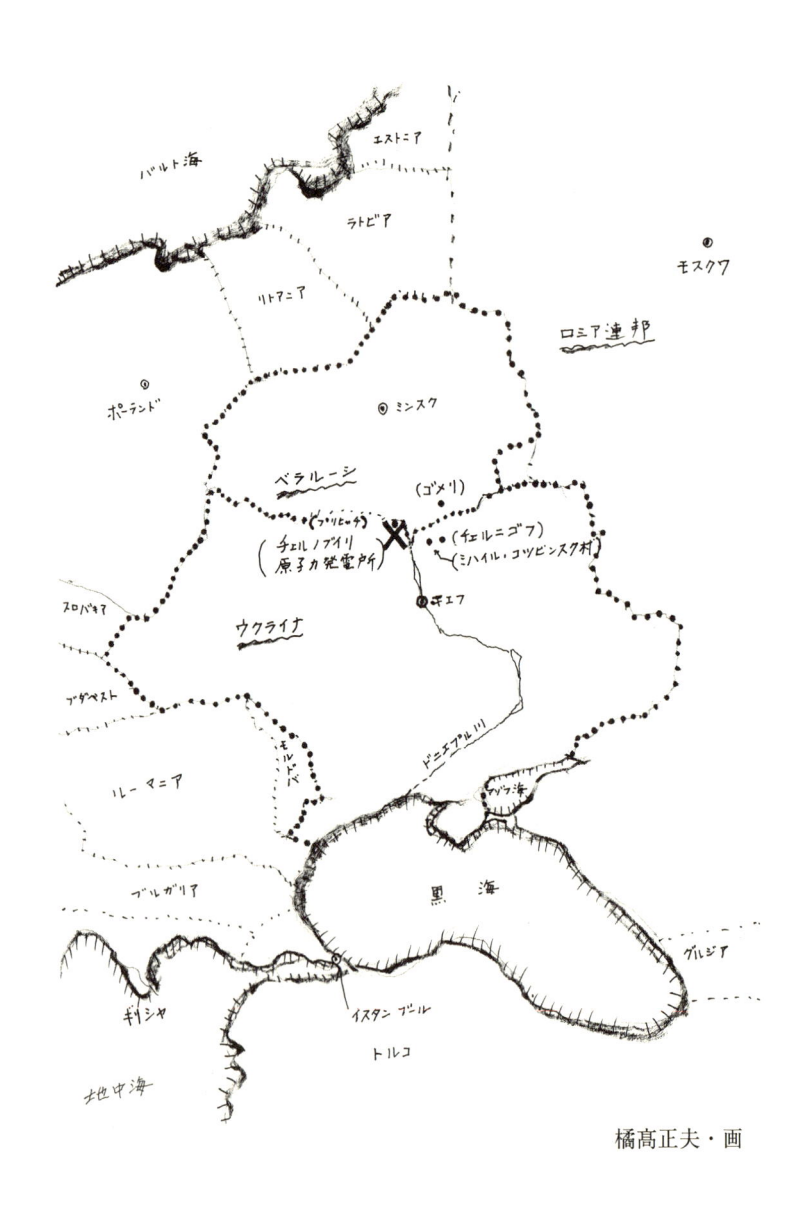

目 次

まえがき　　甲斐　等

第1号（1991.1.11）

〈ヒロシマの医師をチェルノブイリへ・チェルノブイリの子ども
　　たちをヒロシマへ〉運動　11
ヒロシマの医師決まる!　11
キエフ小児科・産科婦人科研究所への招待状　12
〈ジュノー基金〉へのお便りから　15

第2号（1991.2.8）

医師・ジャーナリストと市民の対話集会　18
ジュノーの会の aftercomer（〜について行く者）
　　の自己紹介　佐藤幸男　18
ジュノーの会へのメッセージ　山内雅弥　19
ジュノー基金へのお便りから　20
ソ連の子に"夢"はもてるのだろうか　八谷理恵　25
大きな力へ　橘高正恵　26
ビデオ「放射能はいらない」を見て　山根充恵　27
"原発なしで暮らしたい"円山川フォーラム　28
カタログハウス社「チェルノブイリ母子支援募金」　29

第3号（1991.3.8）

ジュノーの会（2/24「医師・ジャーナリストと
　　市民の対話集会」）に参加して　高橋和也（高校生）　31
目標をもって学ぶこと　柳田秀樹　32
ウクライナ出身留学生ターニャさん　33
お便りから　34

佐藤幸男「チェルノブイリ原子炉事故被災地視察行」より　36

第4号（1991.4.17）

人と人の援助　門田雄治　38
キエフ小児科・産科婦人科研究所の
　　ヤコブレフ医師からの手紙　40
カタログハウスからの提案　42
お便りから　43
ロシア語修得事始　柳田秀樹　44

第5号（1991.6.14）

チェルノブイリ被災児童2人と主治医の先生、
　　7月25日に広島に到着します　50
滞在予定表　51
チェルノブイリからの手紙・絵画展　53
〈オリガ・アレイニコワ博士を囲む広島のつどい〉
　（5/12）アンケートより　55

第6号（1991.7.7）

チェルノブイリからの子どものお客様が3人になりました　65
日本東洋医学会中四国支部広島県部会からも応援が　66
滞在日程表（予定）　66
瀬川満夫さんのこと　横須賀和江　68
チェルノブイリからの手紙・絵画展の感想から　71
　府中市福祉会館会場分　71
　府中郵便局ふれあいルーム会場分　80
　広島市ＮＴＴインフォメッセ会場分　83

第7号（1991.9.5）

セルゲイからの手紙　　棗田澄子　87
チェルノブイリからのお客様　　原博江　90
子どもたちと同行して　　柳田秀樹　92
ヒロシマ医療交流につきそって　　門田雄治　98
お手紙から　101

第8号（1991.10.10）

懸念される甲状腺大災害　106
ジュノーの会・第1回チェルノブイリ派遣代表団の
　　報告会を聞いて　　後藤純子　107
8月3日、アンチプキン先生の「ヒロシマの医師」訪問、
　　に同行して　　前原直美　114
第1回チェルノブイリ派遣代表団の報告会・
　　参加された方の感想から　122

第9号（1991.11.15）

甲状腺大災害を防ごう！　残された時間はあまりない。
　　直ちにヒロシマの専門医をチェルノブイリへ！　124
ヒロシマとの文通を望むウクライナ汚染地域の母からの手紙　125
チェルノブイリの被災者の方々へ
　　ヒロシマからの手紙を送りたい　127
8月4日、ジュノーの会・チェルノブイリの医師との
　　対話集会に参加して　131
チェルノブイリの子供たちに会ってきました　　徳方和子　134
ジュノーの会・第1回チェルノブイリ派遣代表団の
　　報告会を聞いて　　河原則和　137　井上光子　139
ある日の事務局の作業から　140

第10号（1991.12.6）

医療交流＆市民交流の道を開こう　144
"甲状腺腫瘍早期診断システム"をチェルノブイリ
　　原発事故被災児に　　武市宣雄　145
オーリャちゃんその後・キエフを訪れて　　藤本久格　147
声優・草笛毅さんのポストカードのこと　　柳田秀樹　150
8月2日、アンチプキン医師とともに、
　　ヒロシマの医師を訪問して　　後藤純子　152
一人ひとりの心を届けたい。
　　急いで、そして、ゆっくり。　　甲斐等　165

第11号（1992.1.11）

ジュノーの会派遣・第2回チェルノブイリ訪問団　169
ジュノーの会・第2回チェルノブイリ訪問団の
　　メンバーとして　170
　　ひとりの父親として、ひとりの人間として
　　　　　　　　　　　　　　　　いまむらただし　170
　　はじめまして　　西井淳　172
　　ウクライナ被災児童調査に当たって　　上田一博　173
8月2日、アンチプキン医師とともに、ヒロシマの医師を
　　訪問して（PART2）　　後藤純子　176

【資料紹介1】〈ヒロシマの医師をチェルノブイリへ・チェルノブイリの
　　子どもたちをヒロシマへ〉運動の訴え（案）　191
【資料紹介2】いま、ヒロシマの死者たちが甦る　　甲斐等　195

変わらぬ心　　西井淳　203

　　　　　　　　　　　　　　　　装幀・神田昇和

平和の原子力で十字架にかけられて
タチアナ＝チェルノウス　14才

チェルノブイリからの手紙・絵画展より

叢書・民話を生む人びと
「ジュノーさんのように」 1
ヒロシマの医師をチェルノブイリへ・
チェルノブイリの子どもたちをヒロシマへ

「ジュノーさんのように」第 1 号　1991.1.11

〈ヒロシマの医師をチェルノブイリへ・チェルノブイリの子どもたちをヒロシマへ〉運動

ヒロシマの医師決まる！

「山代巴を読む会ニュース」第70号で報告して以来、〈ヒロシマの医師をチェルノブイリへ・チェルノブイリの子どもたちをヒロシマへ〉運動は実現に向けてさらに大きく動き始めました。広島大学原爆放射能医学研究所の佐藤幸男教授が「私は臨床医ではありませんが、行って全般的なことを取り決めるのには役に立てると思います。私でよければ行かせていただきます」と言われたのです。

佐藤教授は、エストニア・チェルノブイリ委員会のアンドレス・イラクさんの広島への受け入れに始まって、カザフ共和国からの2人の医師の研修、カメラマンのイーゴリー・コスチン氏の入院など、昨秋以来すべてのソ連のヒバク関係者を広島で受け入れてきた実質上の責任者ともいうべき人です。

私たちとしては、相談にのっていただけたら……くらいの気持ちでいたのですが、佐藤先生は、私たちの予想以上の熱意を示してくださり、とくに「ただの市民による直接の救援」というあり方に対して共感を表明され、「ホームステイという行き方は素晴らしい」と言っていただいたのでした。

佐藤教授の積極姿勢に支えられて、「相談」の段階から一挙に計画実現のためのスケジュールを組むことが可能になりました。そこで、〈運動の訴え〉の文案を作成し、それをもとにして、キエフの小児科・産科婦人科研究所（ヤコブレフ医師）宛の招待状を作成しました。招待状（次頁に全文掲載）は急ぐ必要が生じたため、急遽

1月4日、佐藤教授にも同席いただいて検討したうえで、今ごろはすでに、山田英雄氏の手を介してヤコブレフ医師のもとへ届けられているはずです。〈運動の訴え〉については、もっと広く意見を取り入れて充実したものにしたいと思いますので、どうか、お気づきの点お知らせくだされば、と願っています。1月25日頃を目安に（案）から正式の訴えにしたいと思います。

招待状

キエフ小児科・産科婦人科研究所　　　　　　　　　1991年1月　　日
　　様
ジュノーの会
　代表＝甲斐　等　住所＝広島県府中市高木町45－3
　広島市での連絡先＝広島大学教授・佐藤幸男（広島
　　市南区霞1丁目2－3　広島大学原爆放射能医学
　　研究所内）

　初めまして。ジュノーの会について少し自己紹介させていただきます。

　1945年9月、赤十字国際委員会極東代表マルセル・ジュノー博士（Dr. Marcel Junod）は被爆直後の広島に15トンの医薬品をもたらし、おかげで、数万人の人々の命が救われたと言われています。私たちは当時ジュノーさんと行動をともにした松永勝博士（現在、広島県福山市在住）の語り伝えによって、この事実を教えられてきました。ジュノーさんはヒロシマにとって忘れることのできない恩人です。

　1986年4月26日のチェルノブイリ原発事故の様相が伝わるにつれ

て、私たちは、チェルノブイリのヒバクシャの方々をすぐさま救援してあげられないものだろうか、と願いました。しかし、私たちは無力でした。私たちは、ジュノーさんに助けてもらったように、助けてあげることはできませんでした。

　このときの辛い気持ちから、ジュノーさんのヒロシマ救援を思い返すため、広島県府中市近辺の市民が中心となって、毎年９月第２日曜日を「ドクター・ジュノーの日」として記念行事を行うことにしました。その中から、「ジュノーの会（ドクター・ジュノーの日とノーモア・ヒバクシャのための勉強会）」が生まれました。（松永先生も初めから参加してくださっています。）そして、この小さなグループは、89年10月から、世界のヒバクシャを救援し、すべての核被害をなくすことを願って１日100円貯金を始め、さらに１年後の「ドクター・ジュノーの日」に、小学生から80歳代のお年寄りまで思い思いに持ち寄った貯金で、「ジュノー基金」をスタートさせました。

　私たちは、チェルノブイリ周辺の子どもたちを日本へ、そしてヒロシマへ招きたいと考えています。今の私たちでも受け入れられるのは、ホームステイの可能な、"元気"な子どもたちだと思われますが、放射線にまだ汚染されていない空気を吸い、日本の子どもたちと友達になり、ヒロシマの医療機関で予防のための検診を受けてもらい、できればヒロシマのお医者さんから「大丈夫。がんばるんだよ」と励ましてもらって、帰国させてあげたいのです。

　以下に私たちの計画を記します。ご検討ください。
1．1991年４月〜６月頃、ヒロシマの医師・ジャーナリスト４人からなるチームを約２週間派遣したいと考えています。この方々に診療・取材・交流に当たっていただく中で、子どもたちを迎えるための具体的な段取りを決めていただきます。

2．その手筈にしたがって、最初は、小学生の子ども2人と付き添いの医師1人を、5月～7月頃、2～3週間の予定で日本に招待します。小学4～6年生2人が適当かと考えています。
3．子どもたちは広島県府中市周辺の家庭にホームステイし、府中市内の小学校に通います。滞在期間中、2泊3日ないし3泊4日の"ヒロシマ健康診断旅行"をしてもらおうと思います。検診のための医療機関は、広島大学原爆放射能医学研究所か、または広島原爆障害対策協議会・健康管理・増進センターです。
4．付き添いのソ連の医師の方には、滞日期間中子どもと離れて広島市などで、とくに被爆者の心理を重視した研修を受けていただきたいと考えています。
5．費用（日本までの交通費は除く）はすべて私たちの募金によってまかないます。

第1回ジュノー基金派遣のジュノー医師・ジャーナリストとして、次の4人の方々の快諾を得ました。

佐藤幸男氏（広島大学原爆放射能医学研究所教授）。山内雅弥氏（中国新聞記者）。山田英雄氏（通訳。ソ連医師）。松岡信夫氏（通訳）。

4人の先生方には帰国後、新聞、雑誌、講演などの形で広く日本全国の人々に伝わるよう報告を行っていただくことをお願いしています。

広島県府中市では、すでに小学校でチェルノブイリ周辺の子どもたちを受け入れる準備がすすめられており、府中市教育委員会もこの動きを応援しています。

受け入れ医療機関としては、広島大学原爆放射能医学研究所および広島原爆障害対策協議会・健康管理・増進センターの承諾を得ました。また、広島県医師会・IPPNW広島県支部からも応援の約束をいただいています。

事故後ずいぶん長い時間が経ってしまいました。もっと早い時期にこのような申し出ができていればよかったのですが……。お許しください。

　どうか私たちの計画をご理解いただき、ご協力くださいますようお願いする次第です。

　さしあたっての要請は以下の３点です。

１．上記ジュノー基金派遣の医師・ジャーナリスト４人に対して、招待状を発行してください。また、学術交流ビザを発行していただけるよう助力をお願いします。

２．上記チームのソ連滞在中、必要な便宜を図ってください。

３．チェルノブイリ事故被災者の子どもたちを日本に派遣することを承諾してください。

　細かい具体的なことはすべて佐藤教授、山内記者、山田氏、松岡氏にお任せしますので、上記チームの訪問期間中に話し合って取り決めていただきたいと考えています。

　上記３点の要請にご承諾の返事をすみやかにいただけますよう、よろしくお願いいたします。

〈ジュノー基金〉へのお便りから

「私たち、ルピナスの会で先日行いましたバザーで、収益が10万余円ありましたので、経費を差し引いて、10万円ジュノーの会に寄付致します。」（兵庫県川西市）

　とあって、１枚のビラが同封してありました。題して、〈リサイクルバザー・自分の家では不用だがどなたかが使ってくれると嬉しいね〉。ビラの最後に天声人語（'89・10/12）が印刷されていて、それに向かって矢印、「今回の収益はジュノーの会を通して白ロシ

アの子どもたちに」とあります。ビラは ── 「この間案内した時はリサイクルの会という名称でしたが、みんなで話し合って上記の名になりました。ルピナスの会（地球環境保護を考え実行する会）。

　きれいな名前でしょ！　ルピナスは花の名前で、日本名は"のぼり藤"です。

『ルピナスさん』という絵本があります。この絵本の主人公アリスがおじいさんと話をしています。おじいさんは夜になると色々な国の話をしてあげます。

『大きくなったら、私も、とおくにいく。そしておばあさんになったら海のそばにすむことにする。』

『それはけっこうだがね、アリス、もうひとつしなくてはならないことがあるぞ。世の中をもっとうつくしくするために、なにかしてもらいたいのだよ。』

　そして大きくなって仕事をし、色々な国を訪れたあと、とうとうアリスは世の中をもっとうつくしくすることを始めました。それはルピナスの種をあちこちにまいて、ルピナスの花でいっぱいにすることでした。

　私たちもこのルピナスさんのように、自分たちの手で出来る『世の中をもっとうつくしくすること』をしたいと思いました。それがルピナスの会なのです。みなさん会に入っていっしょに頑張りませんか!!」

「このたびのニュースをみて、活動が急テンポですすんでいるのがわかり、びっくりしました。私もささやかながら基金に参加させてください。とりあえず１万円振込みます。長く続けたいので無理ない金額を月に千円と自分で決めました。１年分を来年から12月に送金させていただきます。」
　　　　　　　　　　　　　　　　　　　　　（岡山・徳方さん）

「2カ月の中国の旅を終えて帰国するやいなや、またあわただしい日本の日常生活が待っていたわけですが、中国ボケの状態でした。そこへ、広島からのニュースが次々届き、特に70号で頭をガーンとやられてしまいました。『仙台からの手紙』も書くつもりでしたが、こちらの方でも、雑文書きやら、シンポジウムへの出席やら、雑用続きで、ついに書けずに今年は終わりそうです。

　"小さなグループの大きな仕事"、とにかく感激して、70号をあちこちに送り届けました。別便でとにかくカンパだけでも送ります。」
（仙台・横須賀和江さん）

「新聞（朝日）で拝見いたしました。かつて日本も、終戦後、困窮して居りました時、アメリカその他諸外国から大変な恩恵を受けて参りましたこと、思い出しました。日々質素な暮らしをして居り、物入りな暮らしでございますが、思い切って、主人には内密ですが、送らせていただきました。大変僅少ですが、いくらかでもお役に立てれば、幸甚に存じます。」　　　　　（一面識もない主婦の方から）

　(注)「ニュース」とは、「山代巴を読む会ニュース」のこと。「ジュノーさんのように」は、「山代巴を読む会ニュース」第71号の場を拝借してスタートした。右から縦書きの「山代巴を読む会ニュース」、左から横書きの「ジュノーさんのように」というスタイルであり、これは、「山代巴を読む会ニュース」が第105号で最終号を迎えるまで続いた。したがって、たとえば、「ジュノーさんのように」第8号は「山代巴を読む会ニュース」第78号でもあり、「ジュノーさんのように」第35号は「山代巴を読む会ニュース」第105号でもある。また、「山代巴を読む会ニュース」は「叢書・民話を生む人びと」の続刊として出版する予定です。

「ジュノーさんのように」ニュース1号

「ジュノーさんのように」第2号　1991.2.8

チェルノブイリ救援のための
医師・ジャーナリストと市民の対話集会
にご参加ください

日時：2/24（日）午後1時～5時
場所：府中市福祉会館2階大会議室

★ジュノー基金派遣の第1回ジュノー医師・ジャーナリストのお二人を招いての対話集会です。お二人には、今年4～6月頃チェルノブイリ被災地域を訪問していただき、診療・取材・交流に当たっていただく予定です。
　　ヒロシマの医師　佐藤幸男（広島大学原医研教授）
　　ヒロシマのジャーナリスト　山内雅弥（中国新聞報道部記者）
★市民に根づいた救援活動を進めていくために、この機会に対話を深めていただきたいと思います。

　佐藤先生と山内記者からジュノーの会のみなさんにメッセージが届いていますので、紹介させていただきます。

ジュノーの会の aftercomer（～について行く者）の自己紹介

佐藤　幸男

　Dr. ジュノーのことは松永先生の御紹介で知っていましたし、ジュノーの会が真摯な活動を続けて居られるのも聞いていました。
　この度、ソ連に行って子供たちと交流を持つ機会を与えられまし

た。これも何かの御縁と思います。私自身は被爆者ではありませんが、身内に多くの被爆者がいます。

　私は戦後、京城から引揚げ北海道日高の原野で、数年、開拓農業に従事しましたが、広島の親戚を頼って、結核病院に勤めながら、人より5年遅れて定時制高校に通い、検定を経て、ようやく大学に入りました。

　卒業後、故朝長正允教授（"この子を残して"の永井隆博士の主治医）の居られた広大原医研内科にいましたが、その後、現在の遺伝学・優生学部門に移って現在に至っています。これまで、主に、放射線による催奇形性の実験や後世代に及ぼす影響を調べる目的で、ヒト胎児の病理解剖などにたずさわってきました。

　1990年7月、チェルノブイリ被災地視察に参りましたが、被災した人たちに何かできないかと考えていました。私一人では非力ですが、みんなでチームを作れば何かできそうな気がします。私にできることがあれば、どうぞ申しつけてください。

　寒さの折柄、皆様、御自愛ください。　　　　　　　　　　　草々

ジュノーの会へのメッセージ

山内　雅弥

　このたびはジュノーの会にお招きいただき、ありがとうございました。私は中国新聞の報道部で記者をしております。少し自己紹介をさせていただきます。

　私は福山市の生まれで、福山の高校を出て上京し、大学では保健学を専攻しました。公害反対運動が華やかだった学生時代は、宇井純氏の自主講座「公害原論」に参加しました。この自主講座で松岡信夫さんと出会い、以来20年になりました。

大学を出て埼玉県の保健所に1年勤めた後、広島に戻って中国新聞に入り、現在に至っております。
　新聞社では現在、臓器移植などの医療・科学面を中心に担当しています。正直なところ、ジュノーさんについては一昨年、IPPNWの広島大会の前に企画記事で取り上げるまで、あまり関心がありませんでしたが、湾岸戦争が始まり、今さらながら彼の行動の重さを感じています。
　チェルノブイリ事故から5周年。まだまだ事故の全体像がつかみ切れない状況の中で、被曝者の苦しみを分かち合いながら、被爆者医療や援護の経験を現地に伝えたい——。ヒロシマの記者がやらなくてはいけない使命だとしみじみ思うこのごろです。

〈ジュノー基金へのお便りから〉

「この間は、『ジュノーの会』の資料をいろいろと送っていただき、ありがとうございました。
　この基金のことは何も知らなくて、どこかにお金をと決めた時点で、たくさんとってあった基金の資料がどこかにかくれてしまい、この『ジュノーの会』しか出てきませんでした。不思議ですね。資料を読ませていただいて、具体的に動いている会のことを知り、いま動いているから、このお金がそこに行ったんだなと思いました。
　ニュースを読ませていただいて、胸をつまらせたり……。今後、私に何ができるのかと思いつつ、資料を周りの方々に読んでいただくつもりはしています。
　そして、基金のことですが、このお金は、母の三つ目の人生のターニング・ポイントにするために出させていただきました。40年、40年と80年生きて、今から三つ目の40年（120まで生きるとして）他

の人のため、神のために生きようと……。(エラク大きく出ました。)

　名前なしで出そうと現金封筒に入れて郵便局にいったら、今は盗難が多くて住所氏名がないと受けられないといわれ、また住所を。

　そうしたら、本当に着くのかどうか不安になり、手紙で連絡がしておきたくなったという、日本も昔に比べると大変な国になったという思いと、何かやっていることがマンガチックで苦笑しております。

　昨日(21日)、現金書留でお送りしました。これなら最初からスンナリ振り込ませていただけばよかったのにね。

　では、また何か資料がいただけるなら幸いです。

　資料のための送料を入れさせていただきます。(何に使っていただいてもいいのですが。)

　さようなら
　　1991.1.21　　　　　　　　　　　　　　　　　　Kの家族

※多くの額でなく、たくさんの方々から少額を。これは、とても大切なことですね。心があるどんな方からもいただける少額！」

(三重県・Kさん)

「(前略)チェルノブイリの子供たちについては、どの記事を読んでも本当に心が痛み、一人でも多くの人が、子供またその親たちの苦しみを自分の苦しみとするよう、想像力を働かせて、何か少しでも自分のできることをしなければいけないと思っております。(後略)」

(東京・Mさん)

「拝啓。
　貴殿は原爆被災児童の医療救済運動にご尽瘁遊ばされ敬服の至りに存じ上げます。

国際間に於て親善を高めるこのような運動は極めて意義あるものと存じます。

　誠に少額ながら同封いたしましたのでご活用下さい。小生も七十六歳で年金生活者ですが、災害遺児の高校進める会、所謂あしながおじさんとなり毎月送金、或は、浜松交際交流協会、ユニセフ協会、浜松いのちの電話、遠江厚生園、東南アジア文化友好協会等援助しておりますので、誠に少額ですが不悪御許容下さい。

　貴殿の目的が達成いたしますよう陰ながら祈念いたします。

敬具」

（静岡県・Ｉさん）

「今年の夏、テレビで放映されたニュースを見て、初めてチェルノブイリの悲劇について知りました。その後、本を読んだり、テレビを見たりして、いろいろな情報を得ました。わずかですが、お役に立てていただければ幸いです。現在、私は小学校の教師をしていますが、自分にできることで、子供たちに原子力の恐しさや戦争についてのもろもろのことを伝えていきたいと思っています。」

（長崎県・Ｎさん）

「『ジュノーさんのように』第１号をお送りくださいましてありがとうございました。

　すべての核被害者をなくすために。

　世界のヒバクシヤの即時救援を！

をモットーに、運動の進んでいることをうれしく思う一人です。

　思いますに、広島に原爆が落とされてから後、６、７年過ぎてから、それこそ、みんなが原爆のことは少し忘れかけた頃になって、原爆に遭った人たちが次々と癌とか白血病に犯されて、ばたばたと亡くなられていったと聞いています。

チェルノブイリでは、いま、そのような状況が起きているときのように思うのです。恐ろしいことです。
　どうかこの運動が大きく広がって、ひとりでも多く援護されますように、核の被害者が居なくなる社会になりますように。
　さて、とうとうまた戦争が始まってしまいましたね。爆弾が落とされて、たくさんの人たちが殺され、傷ついている様子が、その悲鳴が聞こえてくる気がします。
　どんな理由があろうとも、戦争は絶対によくないことと私たちは言ってきたと思うのです。それなのに、このたびの戦争はやむを得ないこととして、国連が承認したのですよね。どういうことなのでしょう。
　戦争の正体は、人間を野獣にして、どんな野蛮なことでも平気でさせる魔力を持っていると思いませんか。
　私が訪中したときに聞いた話ですが、妊娠している女の人の腹を切り裂いて、中から胎児を引き出し、拳銃の先に突き刺して、担いで歩いた日本兵がいたそうです。
　そのような行為を許す戦争を国連決議で承認するなんて！　許されていいのでしょうか。
　私の周囲の人たちの中には、
『イスラエルをイラクが攻撃したら、イスラエルは核兵器で報復するね』といかにも物知り顔に評論家になっている人もいます。
　人の痛みは人のことで、自分には関係のないこと、といった感じです。

　自衛隊派遣も検討されているようですが。
　私と同じ職場の女の人が戦争が始まったというニュースを聞いて、
『とうとう戦争始まったのね。わたし、子供が戦争に狩りだされるかもしれないと思うと、もう胸がいっぱいになって、何も考えられ

ない気がするわ』

といいました。私はそれを聞いて、すぐには大げさなと思いました。でも時間が経つにしたがって、彼女のいったことは本当だと、つくづくと思っています。

私の目の前には、16、17歳の元気の良い男の子たちがたくさんいます。どうかこの子たちが戦争に巻き込まれませんように、とそればかり思います。

すぐに戦争はやめて欲しい。
民主主義のルールを守って、話し合いで解決して欲しい。

改めて、日本教職員組合のスローガンである
『再び教え子を戦場へ送るな』
の言葉を重く胸に納めております。(後略)」

(広島・藤元智衣さん、91.1.18)

「『私たちの計画を聞いてください』と呼びかけられた基本計画(?)、何回も読み返しました。一人ひとりの思いをつむぎたい、という願いが、行間からにじみ出てくるように感じました。

イラクのクウェート侵攻で、いわゆる湾岸危機が高まっていますが、こんな時代だからこそ、甲斐さんらが取り組まれているジュノー基金運動はますます重みを増すものと考えます。わずかですが、私の気持ちを基金に寄せさせていただきます。

国境を越えた運動で、いろいろな障害に直面されることと思います。

頑張ってください。」 (広島・Ｉさん)

「兄上様二人が終戦後ソビエトで亡くなり、できれば墓参したいの

ですが。七十五歳までなら。心は早くもシベリヤにあり。寸志です。」
(府中市・Nさん)

「かねがね、チェルノブイリの事故やその後の酷い、悲しい状況の報道に接するたびに、『私にできることが、なにかあるんじゃないか？』と心密かに考えていた者です。
　皆様のご活動に賛同し、ささやかですが、基金の一部にと振込みしておきます。
　私でもできることがありましたら、なんでもお申し付けください。
　取り急ぎ用件のみしたためます。」
(広島・Hさん)

ソ連の子に"夢"はもてるのだろうか
八谷　理恵

　１月23日に、「夢、風にのれ」というＴＶ番組を見ました。
　凧に乗って大空に舞いたいという夢にかけた50歳の男の人と、その人を支えた友人たちの姿をドキュメントにした番組でした。
　主人公は、訓練中に足を骨折したため、夢をあきらめなければならないと思ったのですが、驚異的なリハビリテーションでけがを克服しました。そして、凧にのって大空に舞うことができたのです。
　これは一歩まちがえれば"死"に至ってしまうのですが、主人公の"夢"にはかないませんでした。
　大変感動しました。
　そして、ふっと思いました。
「ソ連の子供たちに夢はあるのだろうか」
　と。
　私は、子供たちの一番の夢は、"生きのびていく"ということで

はないだろうか、と思いました。
　でも、夢をもっても、それにともに挑み、感動しあう仲間はいるのだろうか。同じ境遇に立っている子たちが仲間となるのだろうか。
　これは、ソ連の子供たちにきいてみなくては本当にわからないことだと思った。

　イラクでガスマスクをして死んでしまったたくさんの人が、"トラック"にたくさん積まれていた。こんな仕打ちがあるのかと怒りがつのりました。
　死んでしまっても、人は人です。最後まで"人間"としてあつかってほしいです。

　大空に舞った坂本さんは、
「あれこれ考えている時が夢。実現することになったら闘いだ」
　と言っていました、
　ソ連の子供たちにも、闘ってもらいたいです。

〈1月19日、ジュノーの会では、『チェルノブイリ救援募金』の吉沢弘志さん、根暗一郎さんのお話をお聞きしました。若者から感想が寄せられましたので、その一部を紹介させていただきます。〉

大きな力へ

橘高　正恵

　今日の講演は大変すばらしかったと思います。
　今、チェルノブイリでは子供たちが最も苦しみ、つらい目に会い、毎日死と直面して生きていかなければならない状態です。

今日、明日にも死ぬかもしれない、こんな思いで日々過ごしている子供たちにとって、もう生きる喜びなどあるはずがありません。

　人間の欲望のために造った原発によって、結局最後には罪のない弱い者だけが苦しみ続けなければならないのは皮肉です。

　生きる喜びと希望を持ってもらうために、是非日本へのホームステイが実現することを願います。

　今、中東でも戦争が起きていますが、もしアメリカとイラクが核兵器を使用したら……。

　世界はどんどん違う方向に動いていっているような気がします。だけど私は、世界中の小さな力が一つになればきっとチェルノブイリや中東の危機を救うことができると思います。

　私は武器や核兵器がたくさんあるから強い国であるとは思いません。平和を愛する人々、そして元気に走り回れる子供たちがたくさんいる国こそ、本当の意味での強い国であると心から思いました。

ビデオ「放射能はいらない」を見て

山根　充恵

　根暗一郎さんのビデオ「放射能はいらない」を見て、大きな核実験があるたびに、日本の子供のガン死亡率が急増しているということには、とても危機感を感じました。遠く離れている日本でも、放射能によってたくさんの子供が死んでいっているのだから、チェルノブイリでは、どれくらいの子供が苦しんで死んでいっているかは、想像ができないくらいだと思いました。

　吉沢さんは話の中で、
「日本には現在、造られているものも合わせると、51もの原発がある。この近くには、島根原発もあるし、四国にもある」
　と言われていました。

51の原発のどれかが事故を起こすと、狭い日本だから、この辺りもとても危険な地域になるだろうし、島根や四国の原発がもし事故を起こせば……、と考えると、とても怖くなりました。

　私は今まで、輸入品の中に放射能が入っている、とかいうことに無関心で、気にしたことなどなかったから、チョコレートや粉ミルクなどたくさんの輸入品に放射能が含まれていて、特に2～3ベクレル含まれている粉ミルクを赤ちゃんが飲むと、大人が200～300ベクレルのものを飲むのと同じくらいだ、ということに驚きました。

　私たちの体の中にも放射能が蓄積されていて、それが遺伝して、またどんどん放射能が増えていくと……、と思うと、人間はこれから、どうなっていくんだろうと思いました。

〈独自に募金活動されている方々との連絡がついてきています。少し紹介させてください〉

◆豊岡市の方からお電話をいただいたのは昨年の10月だったと思います。「"原発なしで暮らしたい" 円山川フォーラム」の方でした。隔月発行の『フォーラム通信』を送っていただきました。

　昨年11月3日には広河隆一さんを招いて「チェルノブイリ緊急報告」集会を開かれた由。その講演の感想を「視線を高くあげて」と題して筒井由雄さんが書いておられます。「何かことがあるごとに思うことであるが、私たち一人一人がもっともっと世情に敏感にならなければいけないと思った。目先の利益や安楽な生活だけに目を奪われず、視線を高くあげ、何年も先のこと考えて、物事を判断することが緊急に重要であると」。「批判の眼を一人でも多く作り育てていくことが私たち大人の責務ではないだろうか。この意味においても『円山川フォーラム』の存在意義は大きいと思う」。

『フォーラム通信』8号では、〈救おう、被曝の子どもたち〉と題して、チェルノブイリ救援募金を呼びかけてくださっているが、その中で、
「円山川フォーラムで行うことになりましたチェルノブイリ募金は、ジュノー基金に送られます。

　チェルノブイリ原発事故で被曝し、治療を必要としている子供たちを日本に招いて十分な治療をうけていただこうと言うものです。広島大学原爆放射能医学研究所がバックアップしてくださいます。

　被曝者への救援は世界的に始まったばかりです。息の長い応援が必要となると思いますのでよろしくお願いします。」

　と書いていただいています。

◆「チェルノブイリ母子支援募金」を行っている東京のカタログハウス社から、雑誌『通販生活』が送られてきました。松岡信夫さんのご紹介です。

　担当の神尾京子さんに2月24日の「医師・ジャーナリストと市民の対話集会」のご案内をしましたら、ぜひ参加したいという返事をいただきました。楽しみにしています。

　以下『通販生活』誌'90冬号の記事を少し引用させていただきます。

「本誌の特集だけでなく、これまでのマスコミの報道を見て、『できることはないかしら』と思っていた会員は多いはずです。私たち編集部も、企画を進めれば進めるほど、『なにかしなくては』という思いを強くしていきました。

　そこで来年の2月28日までに、集められるかぎりのお金を集めて、ソ連の子どもたちのために役立てたいと思います。……」
「会員のみなさんから寄せられた募金は、本誌でプールし、2月28

日の締切後、日本国内で医療器具を購入し、4月中に届ける予定です。

　注射針から超音波断層装置まで、現地で不足しているものはあまりにもたくさんあります。そこで、募金の金額に応じて医療器具を選びたいと思います。具体的に何を購入するかは専門家をまじえて検討しますので、本誌におまかせください。

　また、『せっかく援助を送っても、どこに届いたかわからない』という不安も現実に一部発生しておりますので、医療器具の送り方、届け先、受け入れ体制についてもしっかり検討し、みなさんからの貴重な募金があいまいにならないよう、責任をもって遂行します。」

　『通販生活』の方と佐藤先生や山内さんが会われたら……、と思うとうれしいですね。

1991年8月4日、チェルノブイリの医師との対話集会にて

「ジュノーさんのように」第3号　1991.3.8

ジュノーの会（2/24「医師・ジャーナリストと市民の対話集会」）に参加して

高橋　和也（高校生）

　佐藤幸男先生の講演で、僕はジュノーの会からソ連・チェルノブイリに行っていただく人として、ふさわしい人だと確信した。

　このジュノーの会から行っていただく人々はみな、きちんとした目的を持って行かれるため、初めから大きい成果が得られるだろうと思った。

　山内さんの講演は、用事があって途中までしか聞けなかったが、僕たちにもとても重要な話だったにちがいない、と心から感じた。

　僕は、毎日少しずつだけどジュノー基金をためているが、ほんの一部でも、このような人たちに使われると思うと、ちょっとうれしい。

　このチェルノブイリの問題がもっと多くの人々に知られ、ともに関わりあって考えていけると、もっと大きなことをすることができるのになあ、とジュノーの会があるたびに思う。

　また、「心のこもった少額」はとても大切であると思う。

　このたびのジュノーの会で、ジュノー基金に協力してくださった人を見かけたが、本当にありがたいと思った。次のジュノーの会でも少額でいいから、もっと多くの人が協力してくださったらと望んだ。

〈ジュノーの会では、ほぼすべての準備を終えて、本格的な募金活動に入ろうと、キエフの医療機関からの正式の要請を待っているの

ですが、3月8日現在、まだキエフからの要請文書が届きません。ソ連の国内事情の変化も関係しているのか、連絡がスムースに行かなくなっているのです。山田英雄さんが手紙を書き、電報を打ち、知人に託すなどさまざまに努力してくださっていますので、私たちとしては態勢を立て直しつつ、今少しこのまま待ってみようと考えています。計画の日程が少し遅れそうで、やきもきしています。

　柳田君が、ロシア語の訓練のため、3月2日東京に立ちました。わずか4カ月ほどですが思いっきりロシア語漬けになってもらえそうです。その間ジュノーの会の事務スタッフは柳田君抜きで頑張らなければいけません。応援のほど、よろしくお願いします。〉(甲斐)

目標をもって学ぶこと

柳田　秀樹

　前略、みなさんお元気でしょうか。東京に着いて今日（3月4日）で3日目になりました。

　蒼生寮は、今にも崩れそうな建物だと聞いていましたが、想像していたよりも遥かにきれいです。寮生は、韓国の文(ムン)さん、ベトナムのティンさん、デュエットさん、中国の張(チャン)さん、日本の河内さん、大高さんです。みなさん本当にいい方ばかりで、スッカリわが家気分で生活しています。

　昨日は、板橋区の老人医療センターに入院されている松岡さんにお会いしてきました。体調のほうはすぐれない感じなのですが、週に一度は外泊されて仕事をこなしておられるそうで、ゆっくり休めないみたいです。この際じっくりと養生されて、体調の回復を待って現地に行ってもらえればと思いました。

　さて、ロシア語のほうですが、今日から授集が始まりました。初級文法クラスは十数人です。初回は、発音の基礎を一通り。15日間

の短期間なので、ペースも速く、本当にロシア語漬けの毎日になりそうです。でも、ミンスク工業大学を卒業されたヂュエットさんが、わからないところを教えてくださるので、ひと安心です。

　学生の時は中国語を勉強していましたが、単位を落としてばかりで、結局4年間かかりました。でも、今回は、世界のヒバクシャ救援のため、チェルノブイリの子どもたちのために、と思うと、勉強に熱が入ります。

　目標を持って学ぶことは、本当にいいことです。この歳になって、やっと勉強のおもしろさに巡り会えた感じです。

　では、このへんで。ダスビィダーニィア！

　P.S.　昨日の寮会後は、飲み会はなく、そうじでした。新人の私は、便所そうじをしました。

〈朗報！　ウクライナ出身のソ連女子留学生ターニャさんが、チェルノブイリの子どもたちの滞日中の通訳・世話を申し出てくださいました。仙台の横須賀和江さんが山形で開かれたシャーマニズムについての集まりで会われたのです。

　ターニャさんは、ウクライナの出身で、レニングラード大学東洋学部に在学中で、現在は筑波大学で研究に励んでおられる若い女性です。横須賀さんからの手紙には、

　「ターニャさんは、ウクライナの人で、ロシア正教徒だそうです。レニングラード大学の東洋学部の学生で、シベリアの諸民族のシャーマニズムについて研究しています。自然への畏敬の念とシャーマニズムの研究は重なるようです。彼女から学ぶものは多くありそうです」

と、ありました。

またまた元気が出てきました。

　柳田君が今までの仕事をやめて世界のヒバクシャ救援に専心してくれることになったものの、正直いって物心ともに大変心細い思いをしていました。幸い、東京駒込のアジア文化会館職員の旧知の工藤正司さん、近藤昇さんをはじめとする方々の歓迎を受け、無事スタートできました。私が学生時代にお世話になった蒼生寮で、今度は柳田君がロシア語習得に励みます。しかも、私が18年前、ベトナム戦争の時代にベトナム人留学生と起居をともにした蒼生寮に、今はミンスク工業大学を卒業して来日したデュエットさんがいて、力になってくれるそうです。不思議な縁です。

　そう思って「頑張ろう」という気になっていたところに、今度はターニャさんの助けが得られそうだという、とびきりの朗報！

　「ジュノーの会」のチェルノブイリ救援活動、これからも山坂はたくさんあっても、何とか軌道に乗るのではないかな、という気がしています。何か不思議な力が私たちの後押しをしてくれているというような気さえしてくるのです。〉（甲斐記）

〈お便りから〉

「先日はジュノーの会のニュース等資料をたくさん送っていただき、ありがとうございます。昨年まで広島で学生生活を送っていた私にとって、このように一般の市民の方々が積極的に動いておられる様子を見聞きするにつけ、懐かしくもあり、また『私もできることから……』と元気づけられる思いがいたします。湾岸戦争への取り組みでもそうですが、政府が動かない（変に動く）ことを批判するだけでなく、市民の手で、小さくとも実を結ばせてゆくことが今こそ大切に思います。」

（茨城県・Sさん）

「日差しの明るさに、かすかに春の気配を感じるこの頃です。いつもキメ細かく御連絡を頂戴していながら、『ナシノツブテ』を決めこんでいる失礼をお許しください。アット・ホームな、いかにも手作りの感じの御活動に接するたびに、暖かいものにくるまれているような感じの、心地よい感銘を受けております。

　さて、先日、突然電話で「バザー」のことを持ち出してお驚きになったことでしょう。実は押入れの中に、お歳暮等で頂戴した品物が眠っておりましたので、『品物でお役に立てるかな？』とフト考えたことが口に出てしまいました。柳田さんのお手紙を拝見しているうち、『ホームステイをお引き受けの御家庭でお役に立ちそうな物があるんじゃあないか』と考え直して、わずかばかりですが、タオル、シーツ等をピックアップしてみました。わずかな量ですので、とても全部の御家庭にはゆきとどきませんが、お役に立てば幸せです。……」

（広島・Hさん）

「いつも御丁寧にパンフレット等お送りくださいましてありがとう存じます。

　私どもはたまたま新聞紙上で貴方の会を知り、わずかばかり寄付させて頂いたのですが、そのたびにパンフレットを送って頂くのは恐縮ですので、お断りさせて頂きます。手数と送料が出費となられるので、少しでも他に役立てて頂きたいのです。また機会がありましたらチェルノブイリの基金出させて頂きたいと存じます。水の一滴でも集まれば河となります。御成功をお祈り致します。どうか送らないでください。どうぞ失礼をおゆるしください。」（東京・Hさん）

〈私たちの方では、「ご報告をさせていただかなければ……」と考えていたのですが、かえって迷惑にお思いになる方もいらっしゃったんだ、と改めて知りました。ご入用でない方はどうかその旨ご一報

ください。〉（甲斐）

〈佐藤幸男先生の論文「チェルノブイリ原子炉事故被災地視察行」より〉

「1990年6月23日から7月4日にかけて白ロシア共和国におけるチェルノブイリ原子炉事故による被災地を視察する機会に恵まれた。それはロシア正教会の要請に応えて世界キリスト教協議会（本部ジュネーブ）が世界各国に呼びかけて派遣した、被災者の実態および救援方法についての調査団に日本から渡辺正治先生（国立精神保健研究所客員研究員）とともに参画することによって実現した。……」

「……今回の事故で今後最も憂慮されるのは発癌と遺伝的影響であろう。」

「……いわゆる hot spot 高線量地帯に4年間住んでいる人は、4年間地表に立っていると仮定すると、（中略）35レムとなり、前述したソ連アカデミー安全基準をはるかに超えることになる。以上は地表からの外部被曝だけの概算であるが、これに食物、ミルクなどの内部被曝が加わると、その線量は更に増加する。（中略）以上のことは、もしこの地に住み続けるか、或は時々出入りするにしても危険区域を去らないならば、将来、発癌の可能性が充分に高いことを意味している。」

「一方、遺伝的な影響についてみると、人類集団にはすでに、自然突然変異によって、何種類かの遺伝的疾患が或る一定の頻度で存在しているが、それらの異常の頻度を2倍に増やす放射線の線量を倍加線量と呼び、（中略）hot spot に3年と5カ月住み続けると、この倍加線量30レムを被曝することになり、理論的には次の世代に遺伝的疾患が倍増することになる。以上の予想は警鐘として極めて

重要と考えられるが、しかし多くの悲観的な資料の中にも何らかの光明を見出すことは、今後、被災者の精神衛生を良好な状態に保つためにも重要な意味を持つと考える。この場合、人類集団に有意に遺伝的影響が出現するためには、生殖可能な若いカップルがそこに住み且つ次世代の子供を適当数生まなければ、対照である安全区域の集団と比較しても遺伝的影響は有意差をもっては出てこない。(中略) その後の再出発の生活が苦しくとも（危険区域から）速やかに移住してもらいたいものである。そうすれば遺伝的影響の発現は、ある程度、最少限度に抑えられるかもしれない。」

「今回の我々の fact finding team は4カ国からなる国際混成チームで、その専門は医学だけでなく宗教、社会学などの領域に及ぶため、ロシアにおける宗教活動、社会奉仕、農地の現地調査など種々な視点からアフター・チェルノブイリに接することができ、しかもチェルノブイリ災害に取り組む各国の姿勢を垣間見ることができたのも僥倖であった。」……

〈佐藤先生の関連論文3編、手元にありますので、御入用の方はご連絡ください。

次回3月24日の『ジュノーの会』のゲストは、このとき佐藤先生とともに訪ソされた、社会学、心理学を専門領域とされる渡辺正治先生です。ヒバクシャ交流のためのプログラムにとって貴重な助言が得られることでしょう。たくさんの質問を用意して。

山内さんの助言を得て、私たちの勉強会も次第に『自主講座』に近づけたら……。今『ジュノーの会』が行おうとしていることは、もしかすると「ノーモア・ヒバクシャ原論」なのかもしれない、と思ったりします。ロシア語をも習おうとするおばあちゃん、お母さん方に励まされて進んでいます。〉（甲斐）

「ジュノーさんのように」ニュース3号

「ジュノーさんのように」第4号　1991.4.17

人と人の援助

門田　雄治

「何もしないでいるよりは、できるところから固めていきましょう」という松岡信夫さんのはげましに何度も頼りながら、ジュノーの会が前進しています。

たった二人の子どもを招いて、それがいったい何になるのか——という疑問を真正面に置くとき、無意味さのほうがはっきりしてくるのですが、「だからといって」というつなぎ方で松岡さんの言葉に帰って行くのです。

その繰り返しはいつの間にか、ジュノーの会のあり方を作ってきたように思えます。「だからといって何かできないものか」と。

2月24日には、「私一人では非力ですが、みんなでチームを作れば何かできそうな気がします。私にできることがあれば、どうぞ申しつけてください」と、ジュノーの会のafter-comerですと自己紹介された、ジュノー医師佐藤幸男先生の話を聞くことができました。

佐藤先生は先の疑問について、「そういうことに対する個人的な解答でございますが」と、次のように話してくださいました。

　　500人とか1000人の被爆者の特定の対照の中で、被曝線量や臨床症状が平均的な、あるいは平均より少し高い被爆者の検査を少数例行う。その結果を予後の判定の資料として提供する。たとえば、あの子が広島へ行って検査を受けて、大丈夫だという結果を得られたら、それ以下の被曝線量のこの人たちも大丈夫だ、ということが判断できる。逆に、もし異常が見られたなら、その子よりもう少し高汚染量で被曝した人たちは、もう少し咽喉のほうを

調べて観察を続けたほうが良いといった、根拠に基づいた情報が提供できる。それは必ず向こうの現場の治療に寄与することになるだろう……。

　素人ながら僕はこのように聞き取ったのでした。そうか。医学的には、つまり残された子どもたちにとっても、僕たちがまず二人の子どもを招くことはやはり大きな意味があるのだなと。
　この日はもう一人、ジュノー・ジャーナリスト山内雅弥記者の話も聞けたのでした。山内さんの発言はこのようでした。

　　自分がその立場にいたら何を望み、何を考えて生きるか。こちらの、してあげようという思い込みが強ければ強いほど、その視野に映る部分だけを相手のすべてだと見てしまう。ジャーナリストがそれだけを報道してゆくと、それは彼らの全体の生活から言えば誇張になってしまうのではないか。人と人の援助ということから言えば、もっとトータルな形で全体像を知ってつきあってゆく方向を選びたい……。

　お二人の話を聞きながら、「うわー、ジュノーの会も、これだと何かできそうだなー」と思えてきたのでした。
　その思いは、対話集会の後の座談会でさらに広がってゆくことになります。いつも思うのですが、ジュノーの会のエネルギー源は食事をしながらのこの座談会にあるようです。毎回多くの方が残ってくださるのですが、この日は「長崎国際平和コンサート」の桑原さんと山内さん、「カタログハウス」の神尾さんをはじめ、10名余り。
　話が進むうち、神尾さんが佐藤先生に写真を手渡し、「こんな注射針や器材は役に立つでしょうか」と尋ねられたのでした。
　「もちろん」と佐藤先生は座り直して、「現在のジュノー基金の金

額なら、向こうに行くことだけならいつでも行けます。しかし、僕は向こうで、子ども二人を choice しなければならない。二人の子どもを連れていく僕の背中に、残された子どもたちの視線が突きささります。こんなにつらいことはないです。そのときにせめて、『ここにこれだけの医薬品を置いて行くからこれで治療を受けてくれ』と言って帰りたい。それでも足りないのですけれど、しかし、持てるだけの医薬品や器材は片っ端から持っていきたいです。これは、どうしても避けられない僕の苦しみです。」

この言葉通りではなかったかも知れないけれど、つぶやき捨てるという感じでおっしゃったのでした。

援助の中身は、人と人の心の交流であることを、佐藤先生も山内さんも強調されました。

考えてみれば、僕たちがジュノーさんのことを思うのは、15ｔの医薬品を届けてくれたこともあるけど、疲れを忘れてヒロシマを走り回ってくれたことや、被爆者を心配してくれたことが大きいんじゃないか。

チェルノブイリ救援に際して、一人の人間の名前だけを付けて、「ジュノーさんのように」というのは、何よりも届けたいものが、人間の心だからではないのでしょうか。

〈キエフ小児科・産科婦人科研究所のヤコブレフ医師から、山田英雄氏に手紙が届きました。キエフとの通信事情が悪いため、なかなか連絡がとれなかったのですが、3月中旬、綿貫さんたちの調査団に同行した共同通信広島支局の米元文秋記者が持ち帰ってくださいました。米元記者には、その後も、転勤を控えた多忙時にもかかわらず半日がかりで訪ソ報告を聞かせていただくなど、お世話になり

ました。以下、ヤコブレフ医師の手紙です。山田英雄さんが翻訳してくださいました。〉

拝啓
山田英雄殿
　手紙および御理解に関し御礼申し上げます。
　現在私は扁桃腺をひどくわずらっており、あなた方の代表団受け入れ、招待状の準備ができずにおりましたが、私は、アカデミー会員E・ルキャーノバ所長と、あなた方の訪問に合意することに致しました。
　私と所長は、ジュノー基金と協力する準備を致しました。
　すでに、子供たちの人選をしておりますし、医師は、ユーリー・アンチプキン（医療移動チーム・リーダー医師）を派遣することにしました。
　多分、近日中、公式招待状を、ファックスかテレックスで御送り致します。
　キエフでの近いうちの再会まで。

PS．山田さんに御願いがあります。キエフにこられるとき、もし時間があれば、米ドルで200ドルくらいのビデオレコーダー（パル・セカム方式）を買って持ってきていただけませんか。キエフにて、米ドルかルーブルで御支払いしたいと思っています。また、原水禁かジュノー基金を通じ、日本へ私を招待していただける機会はないものでしょうか。
　イリーナ・イバセンコさんから、あなたによろしくとのことです。
　　　　　　　　　　　　　　　　　　　　　　　　　　敬具
　　　　　　　　　　　　　　　　　　　　　　　A・ヤコブレフ

〈なお、待ちに待った正式の招待状が、4月16日朝、佐藤先生宛にファックスで届いた。いよいよゴー！ 次号で詳しく書きます。〉

〈『カタログハウス』からの提案を紹介します。ありがたくお受けしようと考えています。〉

「ジュノーの会」様
　「通販生活」読者からの「チェルノブイリの子どもたちを救え募金」が3690万円集まりました。
1．そこで、この一部を貴団体の救援活動ルートで役立たせていただければと考えます。
　　貴団体ルートのどの病院に、なにを贈ったらいいか、お教えいただけませんでしょうか。
2．募金はすべて医療器具、医薬品にかぎらせていただきたいと存じます。購入手配もお教えいただければ幸いです。現地への送料その他、手数料は（株）カタログハウスで負担いたします。
3．贈り主を「通販生活」の読者とさせてください。
4．91年6月30日までに送り出せませんでしょうか。
5．「通販生活」誌上（9月5日発行）では、
　〈贈った先〉（できれば病院名だけでなく医師名も）（子供の患者の多いところ）
　〈贈った内容〉（あらかじめ写真を撮っておきたいのですが）
　〈先方からのメッセージ〉
　この3項目を発表し、「協力を仰いだ団体」として貴団体名を掲載させていただくことでよろしいでしょうか。（読者の中には、ボランティア団体へ募金したのではないと反発する方もいると思われますので）
　　　　　　　　　　　　　　　　　　カタログハウス・神尾京子

〈お便りから〉

　先日は本当にお世話になりました。横須賀さんに同行させていただいたおかげで皆様にお目にかかれて、私にとっては有意義な一日でした。福塩線も無人の高木駅も、皆様の表情も語られたことばのひとつひとつも、鮮明な印象となって残っています。あの町で「ニュース」が作られ、「ジュノーの会」が生まれ、チェルノブイリへ向けてたくさんの「窓」が開かれ、甲斐塾の子どもたちが育っている――、初めて訪れた府中の町が、親しく身近になりました。男性も女性も、さまざまな年齢の方が一緒に語り行動することがこんなに力まずに行われていて、私のようにぽっと訪れた者までごく自然に包み込んでくださる、すばらしいことだと深く思うばかりでした。

　内田さんと棗田さんのおもてなしをいただき、ありがとうございました。きなこの大豆の香りが今も忘れられません。内田さんのあたたかな心配りと棗田さんのぱきぱき働かれる手さばきのみごとさ、本当の母娘さんのように心和ませていただきました。

　後藤さんと前原さんにもお世話になりました。お二人の笑顔と手が、会の支えであることも分かりました。

　林さん、山田さん、門田さんの存在感の確かさ、静けさ、気負いのないお話が心に残りました。ありがとうございました。門田さんの子どもたちは、ほうきを逆さにプラカードにして職員室までデモ行進なさったとか、チェルノブイリの子どもたちもターニャさんも、すっかり仲良くなられることでしょうね。そんなお話をうかがえるのが楽しみです。

　甲斐さんとプラットホームでお会いできて幸せでした。貴重なお時間だったことと感謝しています。市民運動の担い手となられた方のずっしりと重い現実がうかがわれました。明るい展望に立つことも、意外な屈折に直面することもおありになると思います。しかし

いつも立ち止まっていられない、後ろにみんながいる、責任がある、力が湧く、旗を掲げた方の強さやさしさが、仲間の皆様とご一緒に、ローカルの駅のホームの春の陽に照らされて、ドキュメンタリー映画の一場面のようでした。無責任で申しわけないのですが、あの時の内田さんの呟きも、映画のナレーションのように残っています。

朝日新聞が招いたチェルノブイリ第一陣の子どもたちの記事と写真を複雑な気持ちで見ました。この子どもたちが単に報道のための被写体になっていませんように、温かな心の通い合いが用意されていましたように、と願います。

遅ればせながら、山代巴さんを読みたいと思います。いただくばかりで失礼な読者ですが、どうぞニュースもお送りください。何かの時には、お仲間に入れてください。岡山、倉敷で「手」の必要な時には、どうぞご連絡をください。車があります。

お写真同封いたします。いろいろとありがとうございました。甲斐さんのお母様、どうぞお大切になさってくださいませ。

（倉敷・室賀昭子さん）

ロシア語修得事始

柳田　秀樹

（3月26日）

みなさん、お元気ですか？　昨日（25日）で日ソ学院の短期講座が終わりました。済んでみれば、アッという間でしたが、長い3週間でした。少しハリキリ過ぎたのか、昨日帰ってから、微熱が出てしまいましたが、今日はもうスッキリしています。御心配なく……。

さて、ロシア語のほうは、基本的文法事項に関しては一通り習ったのですが、まだまだ、パッと出てこないもどかしさがあります。

　４月からの授業が始まるまで、NHKのラジオ講座（'90/ 4 〜）を手に入れて、会話に重点を置いて勉強しようと思っています。今はリンガフォンのテープ（図書館で借りたもの）を聞いています。

　４月からの授業についてですが、

　慶応外語が、（月）（水）（金）P.M. 6：30〜 8：00で￥61,000。４月２日から授業です。

　日ソ学院は、同封したパンフレットの通りですが、（土）の初級会話クラスに参加しようと思っています。

　そうすると、（火）（木）が空くのですが、この両日は、外語大の留学生の方にレッスンしてもらおうと思っています。

　河内さんの話では、「90分、3000円ぐらいじゃないかなぁ」と言われていましたが、まだ連絡をとっていません。どうでしょうか？

　（木）の中級会話クラスにも参加することも考えていますが、この３週間、自分でじっくりできる時間が欲しいと思っていたので、（月）〜（土）とベッタリと授業を受けるのは、少し、躊躇しています。

　あわせてアドバイス頂ければと思います。

　３月23日（土）に、日ソ学院と同じ建物の中に、ソビエト研究所というのがあるのですが、そこの主催で、チェルノブイリ視察の報告会が行われました。参加者は、約20名ぐらいで、年輩の方が多かったようです。講演内容は、同封のパンフレットのレポートと同じ内容でした。科学者として中島氏、医師として小林氏の報告でしたが、ジュノーの会が巡り合った専門家の人たちは、本当に素晴らしい方たちだと改めて思いました。

　ソビエト研究所のほうは、冒頭のあいさつで、朝日（新聞）のことを少し、批判めいた発言をされていました。やはり、朝日のやり

方は、東京でも嫌われているようです。ソビエト研究所がいかなる組織なのかよくわかりませんが、試行錯誤しながら、救援活動を続けていこうとがんばってきているようです。機会があれば、もう少し、お話をお聞きしたいと思っています。

　では、このへんで……（雨が降ると、ポタッポタッと机の上に雨漏りするのですが、そんな時は、ダンボール箱で勉強です。とにかく元気でいます。みなさんによろしく。）

（４月10日）
　前略、みなさんお元気でしょうか。
　私は元気でやっています。先日の日曜日に、中国に帰国していた張さんが戻ってきて寮生が全員揃いました。私は、張さんの部屋から、一階のティンさんと同室です。寝床は階段の下の押入れ。なかなか快適です。寮生のみんなとは、もうスッカリうちとけて毎日楽しく過ごしています。
　ヂュエットさんとは、「タバーリッシ！」（同志）で始まって、会話を少し。時折、教科書を使って発音チェック、日本訳……という具合です。
　授業のほうは、月、水、金が慶応、木曜日は日ソ学院の中級会話、土曜日は同じく日ソ学院の初級会話と初級後期文法、火曜日は慶応の宇佐見先生（文法）が早稲田で教えているので、そこで基本文法を受講しようと思います。以上が一週間のサイクルです。
　最近よく、ニュースでロシアのことを報道していますが、その時、現地の人の言葉がどれくらい分かるだろうかと聞き入るのですが、全然ダメです。情けなくなります。これからも、目標は高くおいて、がんばります。
　さて、同封の映画リストの件ですが、府中の社協で聞いた所に電話すると、情報文化センターを紹介され、先日行ってきました。字

幕付き映画の貸し出しは東京都も行っているそうですが、都外は貸し出していないそうで、全国に貸し出しをしている所は、ここだけです。また、字幕付き映画を製作しているのも、この情報文化センターのみです。にもかかわらず、予算は少なく、年に３本作れればいいほうということです。リストを見ても分かるのですが、いわゆる名作の類は少なく、どの映画に字幕をつけるか、毎回悩まれるそうです。

　貸し出しの方法は、一カ月前に電話で確認して、申し込み用紙に必要事項を記入して郵送すれば、２〜３日前に届けてくれるそうです。

　料金は、往復の送料のみで、無料です。……が、著作権の関係上、映画入場等の料金をとってはならない、ということです。会費等も一切ダメで、必ず無料上映して欲しいとのこと。ただ、入場後にカンパとして頂くことはかまわないそうで、要は、入る時にお金をとってはならないということです。

　民間の市民団体の登録は、「映画の広場」が第１号で、主に公共の障害者団体、ろうあ学校等が借りているそうです。

　また、同封の新聞の切り抜きは、朝日のものですが、日経の記事は、文さんが切りとってくれました。文さんは蒼生寮の学習会を主催している人で、鋭い方です。ヒロシマの運動の弱さ、在韓ヒバクシャの問題など話し合いました。私はまだうまく言えなかったのですが、「心から応援します」と言ってくれました。……それにしても、文さんの「なぜチェルノブイリなのですか？」という最初の一言は考えさせられました。ヒロシマの過去のあり方を含めて、これから歩んで行かなくてはならないのかと思うと、キビシイものを感じずには、いられません。……もろもろの思いが湧いてくるのですが、今は、とにかくロシア語に集中しようと思います。

　わけのわからないことまで書いてしまいましたが、あと３カ月、

全力でがんばります。みなさんによろしく。では、また。

（4月16日）
　前略、みなさんお元気ですか。私は元気にやっています。
　さて、同封の小切手（額面10万円）の件ですが、これは、慶応で同じクラスになった青木さんから頂いたものです。青木さんは、グラフィックデザイナーの仕事をしておられ、仕事の関係上、ロシアの友人が多く、ロシア語でもっと会話できるようにと、習いにきているそうです。35歳だそうです。
　宮沢先生の初めての授業の時、お互い自己紹介をしたのですが、私も簡単に、ロシア語を学ぼうとした目的を話しましたら、授業の後、青木さんが声をかけられ、ジュノーの会のことを少し説明しました。その時は、「今度カンパします」と言われ、別れました。
　そして、昨日（4月15日）、「これを」と言われ、小切手を渡されたのですが、額面を見てビックリしている私に、「子どもたちのために是非に」と言われたので、ありがたく頂きました。その後、食事を一緒にしながら、お話を聞きました。
　彼は、バレエの劇団の方たちの写真も撮っておられ、そういった関係で、直接ロシアの人たちに接触する機会が多く、友人もたくさんいるそうです。バレエなどの華やかな舞台とは裏腹に、劇団員の日常は厳しく、ハードスケジュールの上、食事は朝と夜、つけばいいほうで、舞台裏でカップラーメンを食べてたり、体力がもたないので気つけ薬を飲んで舞台に出ているそうです。また、劇場から劇場の移動の際も、バスが用意されているわけでもなく、山手線に乗って移動しているそうで、日本側のプロモーターの対応の悪さを嘆いておられました。で、今、彼は、ソ連の劇団と日本のプロモーターの間に立って、何とか改善しようと悪戦苦闘されているそうです。
　日常的な付き合いから、ロシアの人たちの純粋さに魅せられ、ロ

シアの人たちのことを心から想っておられる感じです。キエフに友人が住んでいるそうで、放射能の影響に不安を感じながら暮らしているそうで、「早く別な所へ移りたい」と言ってたと教えてくれました。

　何か、直接、手の届くやり方で援助して欲しい、と言われ、計画が成功するようにと励まされ、わかれました。

　というわけで、小切手を同封しました。手許に、「ジュノーさんのように」1号〜3号がありましたので、渡しておきました。毎月会報を出しているので、と送り先を聞いたら、名刺の住所へということでした。青木さんの会社だそうです。

　では、このへんで。

〈日本国内でも、さまざまな動きがやっと実現に向けて歩み始めたようです。私たちも各地の仲間と連絡を取り合って、着実に歩み続けたいと願っています。とはいえ、これから少しの間、急激な展開を見せるかもしれません。よろしくお願いします。(甲斐記)〉

「ジュノーさんのように」第5号　1991.6.14

チェルノブイリ被災児童2人と主治医の先生、7月25日に広島に到着します

　ずいぶん長い時間が過ぎてしまいましたが〈チェルノブイリの子どもたちをヒロシマへ〉第一陣として、次の方々が来日されることに決定しました。

セルゲイ・ウラジミルビッチ・ホボツヤ君（Sergei V. Hobotuya）1978.3.17生。13歳の男の子。
　ウクライナ共和国チェルニゴフ州チェルニゴフ地区ミハイロ・コツュビンスコエ村に在住。救急車の運転手の父（1954年生）、病院の看護婦の母（1955年生）、弟（1986年11月生）の四人家族。
エレーナ・ウラジーメルナ・カロチチさん（Elena V. Korotich）1980.4.22生。11歳の女の子。
　チェルニゴフ地区ヴェディリツィ村に在住。母と一緒に住む。兄弟なし。
ユーリー・ゲナディエーヴィチ・アンチプキン氏（Youri Genadievich Antipkin）1950.6.26生。
　キエフ小児科・産科・婦人科研究所（ルキャノヴァ所長）の「チェルノブイリの子供の診療科」のチーフ。また、移動医療チームのリーダーでもあります。

　スケジュール調整の都合で、〈ヒロシマの医師をチェルノブイリへ〉のほうが後回しになりました。ご了承ください。
　今年5月初旬、佐藤先生が現地を訪問し、アンチプキン先生、セルゲイ・ホボツヤ君、エレーナ・カロチチさんとも直接会って決め

てきてくださいました。

　こちらからの調査団の訪ソの時期は、8月下旬〜9月上旬になることはほぼ確実の見込みです。第2回〈チェルノブイリの子どもたちをヒロシマへ〉の手筈を決めてきていただくことにもなればと考えています。

　セルゲイ・ホボツヤ君、エレーナ・カロチチさん、ユーリー・アンチプキン先生の滞在予定表を作ってみました。
　この来日をできる限り実りあるものにするため、この**滞在予定表**をもとにして、いろんなアイデアを出してください。

7/25（木）　広島着。セルゲイ君とエレーナさんは、広島市内の家庭にホームステイ。アンチプキン氏は、並木ホテルに宿泊の予定。
7/26（金）　セルゲイ君とエレーナさん、広島原爆障害対策協議会・健康管理増進センターで検診。アンチプキン先生は付き添い。
7/27（土）　前日に同じ。他に、広島東洋医学会の先生方もチームを組んで診察・治療に当たってみようと言ってくださっていますので、この日か29日かに第1回の診察を受けさせてあげたいと思います。
7/28（日）　休息。セルゲイ君とエレーナさんは午後、府中市に向かいますが、検診と漢方治療の日程次第で、29日まで広島滞在ということもあります。
7/29（月）　アンチプキン先生は、研修。（放射線影響研究所？）セルゲイ君とエレーナさんは府中市で休息。
7/30（火）　アンチプキン先生、研修。（広島赤十字原爆病院？）
7/31（水）　アンチプキン先生、研修。（広島大学原爆放射能医学研究所？）

8/1（木） アンチプキン先生、被爆者と交流、また、被爆時の医療についてのヒアリング。セルゲイ君とエレーナさんは、7/29～8/1の期間、ホームステイ先で家族的に休息。セルゲイ君は棗田さん宅、エレーナさんは内田さん宅を中心に、原さん、柳田さん宅などにも移ってもらうかもしれません。

8/2（金） アンチプキン先生、被爆者と交流、被爆時の医療についてのヒアリング。セルゲイ君は、府中市立第一中学校登校日に合流。エレーナさんは、府中市立西小学校登校日に合流。

8/3（土） アンチプキン先生、被爆者と交流、被爆時の医療についてのヒアリング。セルゲイ君とエレーナさんは、西小学校での公開授業や、府中市内四中学の生徒会役員との交流会などに参加。

8/4（日） アンチプキン先生、午前中に広島を立って府中市へ。午後、ジュノーの会主催の講演会で講演。（ウクライナの被害の実態や今後の展望、交流の進め方、ヒロシマ滞在で考えたことなど、率直に話してもらえればと考えています。この講演会が唯一の集会。ぜひ多くの人たちに聞いてもらいたい。）セルゲイ君とエレーナさんは、午前中、そうめん流しなど地域市民との交流会。午後は講演会に参加。率直な感想を述べてもらえれば幸い。

8/5（月） 午前、府中市立第二中学校の平和学習（於、府中市文化センター）に参加。午後、3人とも広島市へ。

8/6（火） 午前、式典参加。午後、原爆証言者の集いに出席（於YMCA）。

8/7（水） アンチプキン先生、研修。広島でやり残したことがあればしていただきます。セルゲイ君とエレーナさんは、府中市へ向かい、夜、府中市にて、お別れ会。

8/8（木） 午後、福山駅で合流し、東京へ。

8/9（金） 終日、東京に滞在。

8/10（土）　帰国。

（これは、あくまでも〈予定〉です。手続きの関係で予定変更という事態もあります。）

チェルノブイリからの手紙・絵画展を見に来てください

　チェルノブイリ事故被災者の子どもたちと親たちの手になる手紙と絵を数十点、展示したいと思っています。これは、「チェルノブイリ救援・中部」（坂東弘美代表）に送られてきたもので、昨年来中部地方を中心に各地で展覧会が開催され評判になっています。

　「チェルノブイリ救援・中部」は昨年、日本の市民団体としては初めて被災地に直接救援物資を届けました。その時の、代表の坂東さん（女性）と放射能測定器を持った渡辺春夫さんの姿をテレビでごらんになりませんでしたか？　「救援・中部」はその後も、ウクライナ共和国ジトーミル州にあるウクライナ語の週刊新聞「ジトーミルスキー・ヴィースニック」紙との連絡体制を基礎に、被災地の人々との地道な市民交流を続けておられます。

　今回の「手紙・絵画」展。会場の広さの関係で、全点公開というわけにはいかないでしょうが、できるだけ多くの手紙・絵画と、それらに込められた人々の心の思いを、ヒロシマの人々の目と心に届けたいと思います。

　さまざまなレベルでのご参加、ご協力をお願いします。自分の絵画展のつもりで世話をやいてくださる人、ちょっと昼休みに覗いてくださる人、家事の合間に赤ちゃんをおぶって立ち寄ってくださる人……いろんな人たちの、いろんな形での助力を通して、チェルノブイリの人々の生活と心情に触れてみたいのです。

「……今では、私たちの身にこれから何が起こるのかもわからず、子供の将来をとても恐れながら生きています。だって、子供たちはまだ小さくて、やっと人生を始めたばかりの芽なのです。私たちは、食料品を食べることを恐れています。でも、生きるためには食べなければなりません。なんて重苦しい人生なのでしょう。……（中略）……あなたがただったら、こんなところで、どんなふうに生きていくでしょうか？（後略）」

「……私は自分のことは心配していません。もうどうしようもないですから。でも、目が悪くなって、あまりよく見えません。足が痛く、しょっちゅうだるく、疲れを感じます。私は、子どもたちは将来どうなることか、私には孫が生まれるだろうか、もし孫が生まれたらどんな孫が生まれるのだろうと、いつも考えています。

　もちろん、子どもたちは、そういうことを考えていません。子どもだから。そして、私も子どもたちにそのことを言いません。どうせ何もできないのですから。できれば、できるだけきれいな食料品を買うよう努力したり、子どもたちを夏になると別のところへ、体を直すため送ったりするのですが、それだけです。今年の夏も、泣きながら、きれいなキャンプで休養するための許可証を、子どもたちだけのものさえあればいいと、手に入れました。

　私は、事故後4年間一度も仕事を休んだことがありません。そして、一度もきれいな所へも行ったことがありません。私は、学校の学童保育員です。夫は救急車の看護士です。」

〈オリガ・アレイニコワ博士を囲む広島のつどい〉（5/12）
アンケートより

「今日の会で、オリガ先生にも会えたのでよかったと思います。」
（小4、N・Tさん）

「白血病になる人がどんどんふえているようなので、こわいと思う。
　自分のせいじゃないのに病気になって、悪かったら死んでしまう。そんなのはあまりにもむごすぎる。
　原発は必要かもしれないけど、何人もぎせいにしてまですることはないだろう。日本にも原発はあるけど、いつ大きな事故がおこるかわからない。小さい事故はもう何回もおきているらしい。放射能のこわさがわからないのかな。」
（中2、M・Iさん）

「オリガ先生の話をきいて、少しむずかしかったから、あまりよくはわからなかったけど、私と同じくらいの歳の子や、少し年下の子たちが、病気とたたかって、たくさんの人がなくなっていることがわかった。私たちは、とても平和だと思う。
　日本でも、たくさんの原発があるし、原発をたてようとしている。こんなにも苦しんでいる人がいるというのに、原発をたてようとしているけど、自分たちが同じ目にあってしまってからではおそいので、私たちが、なくすために努力したり、いろんなことに協力していかなければならないと思った。」
（中2、T・Kさん）

「とってもいい会でした。いろいろなむずかしいことも話されました。でも自分にとってためになることを、いろいろきいたり見たりしてよかったと思います。
　きてよかったです。

いつか私たちが協力してがんばっていかなければならないと思っています。
　いろいろな人が、いっしょうけんめいにがんばっているんだな、と思いました。」
　　　　　　　　　　　　　　　　　　　　　　　　（中2、M・Mさん）

「自分たちと同じような子供たちが白血病などの病気で苦しんでいるのを聞いて、元気な僕らが何もせずにのほほんと生活しているのが恥ずかしいことだと思った。特に、スライドの中の点滴か何かをしている子の、腕の側にある大きな血のしみがショックだった。
　あと、ちょっと恥ずかしくて質問できなかったのだけど、移住した人々で、もとの土地に帰ってきた人は、もう放っておかれるのだろうか？　ということがある。」
　　　　　　　　　　　　　　　　　　　　　　　　（高2、Y・S君）

「今まで自分が思っていたよりも、オリガ先生の話の内容はショックを受けるものもあった。同じ注射器を使うことにより病気になっているということは、一番おどろいた。
　オリガ先生が、国産の医薬品、機械がとても不足していて、それによって放射能の病気以外のものも発生していると言われていたので、やはり医薬品、機械をとにかくたくさん送ることが重要だと思う。」
　　　　　　　　　　　　　　　　　　　　　　　　（高2、H・S君）

「オリガ博士が来てくださって、ソ連、特に白ロシアミンスクなど、その他いろいろの状況がさらにわかったと思う。
　このように、日本で活動しているジュノーの会、綿貫礼子さんなど、協力していくことはとても大事だと思う。これからも、たくさんの人が苦しみ、そして悲しむと思う。それらのことを少しでもなくしていくことが、僕らの課題であって、役目だと思う。」
　　　　　　　　　　　　　　　　　　　　　　　　（高2、M・H君）

「チェルノブイリ事故のために、白ロシアが70％も汚染されていて、現在250万人もの人たちが汚染されている地域に住んでいて苦しんでいると聞いて、"なんてひどいことなんだ"と思いました。

　事故後1週間人々に何も知らせなかったので、5月1日のメーデーに子供たちの体は放射能で汚染されてしまった。"早く知らされていたらなあ"と考えてしまいます。

　スライドで見たように、先天性白血病などで苦しんでいる子供たちの目は、生き生きしていなくて、"先生、なんとかして助けてください"という目で訴えているように見えました。それは私の脳裏にかなり焼き付けられました。

　だから、今日募金したお金が、一人でも多く回復できるように、有効に使ってもらえることを願っています。オリガ・アレイニコワ先生、子供たちのために、頑張ってください。

　今日のつどいは良かったと思います。」　　　　　　　（高校生、18歳）

「私は初めてチェルノに関しての本格的な場に参加することができました。

　オリガさんは、今現在、医師として働いておられる方です。その人の話が聞けたことを、本当に光栄に感じました。

　私は、ただ話を聞き、それを身内に話し伝えることしかできません。しかし、テレビ、新聞を通じて、この会が報道され、多くの人々の関心を引き、一人でも多くの子どもさんたちが救えれば、と思っています。」　　　　　　　　　　　　　　　　　（高3、M・Aさん）

「小学生、中学生の素朴な質問に対して、ていねいに答えられる女史の姿勢に大変好感が持てたし、熱意が感じられた。

　放射能の汚染というのは世代を越えて大変な影響を及ぼすことを

あらためて認識した。特に、先天性白血病の赤ちゃんの例など。
（海外ヒバクシャ救援活動について）もっと社会問題化して、広くみんなのものにしていく取り組みが大切だと思う。『我れ関せず』との人たちが多くなっている現在、特に必要ではないか。」

(51歳、団体職員の方)

「こどもたちのスライド（患者たち）の説明をきいていて、医師の眼と、母親の眼とふたつの眼でこどもの患者に接しておられる姿が読み取れて、感銘を受けました。

チェルノブイリの子どもたちを府中へ招こうという市民運動に参加している一人として、それらのこどもたちへも私たちとして何ができるかを考えさせられました。

とにかく行動をおこすことだと考えます。

チェルノブイリのこどもを招くことで、禁則過多のこどもたちの精神的な負担を軽減してあげることも、その一つであろうかと考える。」

(64歳、塾教師の方)

「種々の角度からの見方からの討議・質問は有意義であったと思います。

特に、このチェルノブイリ事故は、人類の財産として白血病、固形がん、白内障その他放射線障害の記録、特に統計資料、を作るための国際的チームがすでにあるのでしょうか？

もしもなければ、是非とも必要だと思います。」

(40歳、製薬会社研究員の方)

「広島に住んでいながら、平和について、現実の問題とつながらないところで、子どもに伝えていたような気がします。現実はシビアで、危機が迫っている状況の中にミンスクなどの人たちは暮らして

いる。

　チェルノブイリがソ連の社会の中でどんな影響をおよぼしたか、経済的な面についても知っていきたい！

　いろいろな示唆を与えていただいたような気がします。」(無記名)

「たくさんの子どもたちの参加に感激しています。理解できない話が多かったと思いますが、今後大人の方が解説してあげてくださると幸いです。

　被害を受けるのは子どもと老人です。今後のジュノーの会の活躍を祈ります。

　(海外ヒバクシャ救援活動について) ソヴェットの経済困難のゆえ、薬品、器具の不足は絶望的です。注射針によって60％の子どもが感染症にかかっているとはまったくショックです。1日百円募金を広げるように努力します。」　　　　　　　　　　　(55歳、自営の方)

「直接現地の実状を聞けたのは何よりでした。やはり、10～20年のデータの追跡がいるでしょうし、原子力発電所という存在そのものを根本的に考えないと、このような事故は繰り返されるでしょう。

　遠地よりの参加に感銘をしています。今日の集会は、いつものヒロシマと違うのは、若い人の参加です。」　　　(51歳、会社員の方)

「チェルノブイリの被害は、本当に深刻なものだと思う。これから白血病とかガン患者などが多発すると思うが、それに対しての対策をしっかりする必要がある。」　　　　　　　　　　　　(無記名)

「原爆が投下された後、なす術もなく立ちつくしていた医師、看護婦たちと同じように、おつらい立場にいらっしゃるのだと思った。

　白血病の子たちの目の前に、多くの困難をかかえ、矛盾の中、いっ

たい、どんなことになるのだろう。十年先、二十年先、何百、何千という子供が苦しむのではないだろうか。私たちのために苦しんでいる——子供たち。

　原発はいらない。もっともっと、人々が賢く、強く、生きることに無関心でいない世の中にしていかなければ。市民運動がもっともっと活発にならなければ。

　医師の手記、文学など、ロシア語訳されたもの、あるのだろうか。」

（28歳、高校講師の方）

「白血病は年々確実に増えている。これからもさらに増加する。ソ連では今、社会的、経済的、医学的に見てスベテが不足している。医療設備・薬品が整えば、もっと多くの子どもの生命を救える。などの言葉が心に残った。

　46年前の夏、ちょうどこの会場の真上で爆発した原爆で、市民20万人以上が放射能障害で死傷した。あの時みんな思った。——もうこんなのはゴメンだ。『ノーモア・ヒロシマ』と。

　しかし、今、私の目の前で、ミンスクから来られた一人の女医が、チェルノブイリ原発事故により子どもたちが白血病で多く死んでいっていると実状を訴えている。まわりには被爆者の方、市民、教授、教師、ジャーナリスト、支援グループ、それに高校生、中学生、小学生の顔。この情景のもつ意義とその構図。遠くはなれたチェルノブイリとヒロシマの空は今しっかりと結ばれているのだと思ったら、身体がふるえた。

　5年前、ヒロシマからの救援体制（ジュノーさんが広島にしてくださったような）が組まれなかったことが悔やまれる。しかし、昨日も今日も、子どもたちの尊い生命が失われている。

　私は私なりに、できる精いっぱいのことをやりたいと思う。」（5月14日記）

（60歳、Yさん）

「単なる感情論ではなくて、科学的データにもとづいた論議（シンポジウム）であったので、たいへん感動した。今後もこういう企画を行ってほしい。

　チェルノブイリの事故を、異国で起きた単なる事故、と扱うのではなくて、広島─長崎─チェルノブイリと関連づけて考えたところに意義があると思う。（ノーモア・ヒロシマ、ノーモア・ナガサキ、ノーモア・チェルノブイリと考えたい。）（ノーモア・ビキニも含む。）

　チェルノブイリの子どもたちへの援助を何かしたいと思う。真の日ソ友好を考える（願う）ものとして。」

(31歳、女性フリーターの方)

「白ロシアからやっと招待して実状交換の機を得たのに、広島の人が参加少なく、府中市から大勢行って会を盛り上げたこと、ジュノーの会のおかげです。

　広島の被爆者としては、長年運動している援護法が制定されず、他国の救援より自己の要求実現に精力的活動をしているので参加が少数でしたが、一般市民グループは、焦土の上で今日の繁栄を築いているのです。チェルノブイリの子供たち、被害の実状を聞いて、温かい手を差し伸べる手段を講じる人の呼びかけに対して、あまりにも関心の薄いことに悲憤を感じました。国際平和センターの知人を尋ねましたが、日曜日で休んでおられた。こんな会合こそ国際平和センターで開催すべきものと話す心理が、不調に終わりました。（海外ヒバクシャ救援活動について）経済的世界優位の日本国民があらゆる面で救援することが必要ですから、声を大にして呼びかけるべきです。私も機を得て有志にジュノーの会の実状を話して協力方をお願いするよう努力いたします。」　　(87歳、B・Sさん)

「以前からその活動が伝えられているオリガさんの話を直接聴くことができて、うれしかったです。

示された統計とスライド写真は強い説得力を持っています。改めて事故の重大さを思い知らされました。

ヒロシマ・ナガサキの体験から得た成果にソ連の被災者の方々はとても期待されているはずです。また、日本政府は正式に援助を決議したわけですが、気がかりなのは、物資や資金や情報が、必要な人々にすみやかに行き渡るかどうかです。自分に何ができるか考え中です。

医師不足にもまして、看護婦が不足しているとのこと。ODAだろうがNGOだろうが、できる限り協力すべき問題でしょう。

原子力よりもはるかに安全で、はるかに効率が良く、はるかに経済的なエネルギー技術がもはや普及しつつあります。ソ連にもそのような技術を普及させることが必要だと思うのです。

私は和歌山市から訪れたので、オリガさんとも、広島のみなさんとも、もっといろんなことを話し合いたかったです。広島には今後も訪れます。よろしく。

（海外ヒバクシャ救援活動について）各地の活動が情報を持ち寄って、具体的な方法を話し合うべきかも知れません。

昨年6月から和歌山県下でチェルノブイリ救援募金を集め、今春3月、二人の女性に医薬品等を託し、東京の綿貫さんたちに便乗してソ連へ運んでもらいました。決して誇示できるほどの成果ではなかったのですが、得たものは大きく、むしろ、当方が教えられた観があります。今後もその募金口座は開いていますが、具体的には、より広く、より深く"教えてもらう"という関係で続けられたらと思います。

●京都大学原子炉実験所の今中哲二さんがチェルノブイリの汚染地帯を訪れた際、次のような情報を得たと伝えています。

最近、IAEAのブリックス、ICRPのベニンソン、放影研の重松らが次々と白ロシアにやって来て、放射能などたいしたことないと、オプティミスティックな言辞を繰り返している。(ロシア旅行メモ：会談：見学記　'90.9/17より)

このようなことが事実なら、私たちは誰に期待し、誰に期待すべきでないかを、もっと慎重に考える必要があると言えるでしょう。
　その意味で、国家補償である被爆者援護法の実現は急務の一つだと思います。国や国際機関を批判し辛い立場にあるヒバク者の方々の心情は察して余りあるものがあります。国家補償を認めさせることは、国に過ちを認めさせることであり、ヒバク者の方々の発言力を強めこそすれ、弱めるものではないと考えるのですが、いかがでしょうか？
●わが和歌山県にも、近藤宗平なる学者が出没し、原発候補地の住民の前で、『低線量ヒバクはカラダに良い』と発言、地元住民をレッカのごとく怒らせて帰ったことがありますが、500余名の県在住ヒバク者の何人かの耳にも入ったはずです。このような情報には、今後も敏感に反応してゆきたいと思うのです。若い世代には間違ったことを伝えたくありませんから。」　　　　　　(32歳、H・Hさん)

〈お礼の気持ちを……〉
　5月12日、オリガ・アレイニコワ先生を迎える集いを、「チェルノブイリ被害調査・救援女性ネットワーク」「チェルノブイリ救援広島委員会」の方々と一緒に開くことができました。
　慣れない広島に出かけて行ってまで……とためらいながらではありましたが、バスを借り切り、60人、片道3時間。今では、ともあれヒロシマらしい集いが持てて良かった、と思っています。当日参

加いただいた方々、有形無形の励ましをくださった方々に、ありがとうございました、と言わせてください。

　今後も、少しずつ前に進んでみたいと思います。まずは、オリガ先生との約束通り、ヒロシマとミンスクの子どもたち同士の手紙や絵のやりとりです。翻訳は、柳田君が一手に引き受けてくれるでしょう。あやしい箇所は松岡さんにチェックしていただいて……。セルゲイ君やエレーナさんを通じてもたくさんの子どもたちと友だちになれるでしょう。(甲斐記)

1991年8月6日、原爆ドームを背にして、テレビのインタビューを受けるチェルノブイリの子どもたち

「ジュノーさんのように」第6号　1991.7.7

チェルノブイリからの子どものお客様が3人になりました。

　セルゲイ・ホボツヤ君（13歳）、エレーナ・カロチチさん（11歳）の他に、オーリャ・チューイさん（14歳）が加わりました。
　航空券、1日遅れですが、入手しました。
　7月26日（金）成田着の飛行機です。同26日15：30頃広島着の予定です。

　ただいまソ連で、ビザ申請中です。3人分の渡航費31万5000円も、日本時間6月28日午後2時40分に、東京銀行広島支店より「チェルノブイリ同盟」宛て、電信で送金しました。（航空券入手のため、アンチプキン先生が「チェルノブイリ同盟」から借金し、ジュノーの会が返金した、という形です。ちなみに1ルーブル15円のレートで、7000ルーブル分です。これもすべて先方の依頼通りにしました。）
　ところで、ここまできてもまだビザがおりないという可能性もあります。日本大使館に届くまでにソ連国内で膨大な時間がかかるという話なのです。何とか計画が実現するよう人事を尽くして天命を待っている心境です。

オーリャ・チューイさんの紹介。
　1977年1月21日生まれ。現在はキエフ市のRaduzhnaya通りに住んでいます。1986年4月26日の事故当時は、原発の町プリピャチに住んでいました。健康面では来日にも十分耐え得るし、大丈夫とのことです。ちょっと神経質になって体調を崩したエレーナさんのお姉さん役を果たしてくれると思います。

日本東洋医学会中四国支部広島県部会の先生方から応援の意向が示されました。

　朗報です。ジュノーの会では、かねてから医師の方々の応援・協力の申し出を心待ちにしていましたが、早くから応援してくださっているIPPNW広島県支部に次いで、日本東洋医学会広島県支部からも応援をいただけることになりました。

　東洋医学の場合、診断と治療が分化されていないと聞いています。また、まだ症状の出ていない段階でも予防医学的治療が効力を発揮すると聞いています。心ときめかしつつ東洋医学の治療効果に期待をかけます。

　世界のヒバクシャの方々に、ヒロシマの放射線医学、検診システムの助力が開かれ、それに加えて東洋医学の診察・治療も開かれることになったのです。バンザイ！

　今回のセルゲイ君、オーリャさん、エレーナさんについても、診察・治療を試みようと言ってくださっています。ありがたいことです。

滞在日程表（予定）

　一日遅れの航空券、ということですので、予定を一部変更せざるを得なくなりました。そしてこの予定表も変更の可能性がありますので、4人が成田空港へ着いた時点で改めて正式の予定表を作成したいと思います。

　また、セルゲイ君たちの体調次第で、予定は次々と変更することになるかもしれません。どうかご承知おきください。

7/26（金）　成田着（9:40AM）。バスで羽田へ。14:15羽田発、15:35広島空港着。

7/27（土）　午前中、セルゲイ君、オーリャさん、エレーナさん、広島原爆障害対策協議会・健康管理増進センターで健診。午後は十河医院にて日本東洋医学会広島県支部の先生方の診察・治療を受ける。アンチプキン先生には付き添っていただきます。

7/28（日）　終日休息。体調に合わせて、可能ならば宮島見物。

7/29（月）　セルゲイ君、エレーナさん、オーリャさん、原対協にて健診。原医研にて被曝線量測定。アンチプキン先生は付き添い。（27日と29日の通訳は、山田英雄氏とレシチコ・ターニャさんの2人。）

7/30（火）　セルゲイ君、オーリャさん、エレーナさん（ターニャさんも）、府中市へ移動し、8/1まで自由に休息。

アンチプキン先生には7/30～8/3の5日間、広島市で放射線影響研究所、広島赤十字原爆病院、広島大学原医研（それぞれ各1日）での研修を受けていただくとともに、被爆者の方々との交流、被爆時の医療を体験された医師の方々との面談を行っていただきます。（通訳は山田英雄氏）

8/2（金）　午前中、オーリャさん、セルゲイ君は、府中市立第一中学校登校日に合流。

11:00頃からは府中市内四中学の生徒会役員の中学生との交流会。エレーナさんは府中市立西小学校登校日に合流（午前中）。

8/3（土）　ホームステイ先の家族と一緒に海水浴。瀬戸内海の島を予定してます。

8/4（日）　アンチプキン先生、府中市へ。午後1:30～5:00講演会。オーリャさん、セルゲイ君、エレーナさん、講演会に参加。講演会終了後、地域市民との交流会。西小学校を会場に、そうめん流し、スイカ割り、バーベキュー、花火など。

8/5（月）午前中、府中市立第二中学校、第四中学校の登校日に参加。午後全員、広島市へ。16：00救援・中部、ジトーミルの新聞編集長ネチポレンコ氏、ライサ女医の一行と合流。（セミパラチンスク、エストニアからの人たちとも出会えるのではと期待）

8/6（火）午前、式典参加（7：30～9：30）。
休憩の後、午後1時から原爆証言者の集いに参加（於YMCA）。午後3時～5時「チェルノブイリとヒロシマの子どもたちの集い（仮称）」に参加（於NTTインフォメッセ）。

8/7（水）オーリャさん、セルゲイ君、エレーナさん、午前中、原対協、原医研、十河医院を訪問。指示を受け、午後、府中市へ。アンチプキン先生には、広島市内でし残したことをやっていただきます。

8/8（木）オーリャさん、セルゲイ君、エレーナさん、昼過ぎに府中市を出発、アンチプキン先生と途中で合流して東京へ。

8/9（金）終日、東京に滞在。なお8日と9日はアジア文化会館に宿泊、各国留学生とのチェルノブイリ報告会を開いて頂く予定。

8/10（土）帰国。

瀬川満夫さんのこと

横須賀　和江

(第一信)

　昨日、今日と仙台にも真夏の暑さがやってきました。
　しばらくごぶさたしております。先日、佐野先生、ターニャさんと電話でお話しました。佐野先生のご意見は明快です。ターニャは豊かではないが、自分の国のことだから当然のことをするまで、アルバイトのこととか心配してくださる必要はないでしょうと。

そうですね。必要以上の心配をしなくてもいいのでしょう。

さて今日は、また別のニュースです。

瀬川満夫さんという方が仙台にいらして、私とも旧知の間柄でしたが、彼がジュノーの会に興味を持って、私も資料をすべてお貸しして、その結果、瀬川さんの同封の手紙になりました。(「山代巴を読む会ニュース」本号(第76号)に掲載させていただきました。──甲斐)

ターニャ基金にもカンパをいただいています。

瀬川さんの記事がたびたび新聞に載っている頃、私は中国で、よく知らなかったのですが、切り抜きやら資料を見せていただいて、改めて瀬川さんすごいことをやっているんだと思っています。

医療品メーカーが広島市中区にあることから、メーカーまで出向いて、箱に「ヒロシマ・ジュノーの会・ミンスク救援・宮城」と書いて送ってもらえないかと話したいと希望しています。このことについては瀬川さんのほうでもっと検討してから実行に移す予定のようですが……。

突然ころがりこんだ二十数万円については「笑い話」がありました。

種田山頭火の芝居を仙台でやりたいという話があり、かねて小川紳助監督の上映会をやっていた瀬川さんがたのまれて、電力ホールを二十数万円で1日借りたそうです。ところが芝居の計画が中止になり、半額くらいは返ってくるかと電力ホールの事務局に出向いたところ、「契約書をよく見なさい。一切返さないことになっています」といわれ、それでは判もついたことだし、仕方がない、何か別の企画を考えるか、5万でも入れば劇団に返してあげられるし、と思い、小田実ともう一人(反原発の人──名前を忘れました)のトークを計画して動き始めたら、電力ホールから連絡が入り、いってみると、「契約書の条文を変更しました。全額お返しします。ですから企画を中止してください。ご迷惑をおかけしたので、倍額に

してお返しします」といわれたそうで、二十数万円がころがりこんできたということです。いってみれば、東北電力から出た金でミンスク救援をしたわけです。

瀬川さんは、原発いらない人々が選挙に出る時の供託金400万円も負担しているそうで、奥さんから10年分の小遣いストップをいいわたされていて、この二十数万円は堂々と使える唯一のお金なのでと笑っていました。瀬川さんがそちらへ行くときは、連絡しますので、話し合いの機会をつくってくだされればと思います。

ターニャ基金、現在9万6000円です。山形の烏兎沼先生が、みんなのお金をまとめて送りましょうといってくださっているので、最終的には、もっと集まると思います。ターニャさんに5万円送って、残りはそちらにお届けするのが一番いいかなと思っています。

それではまた。

ジュノーの会の皆様

(第二信)

肌寒い日です。大雨の予報がありましたが、今のところは静かに降っています。

(中略) この間手紙を送りました瀬川満夫さんですが、先日名古屋まで200万円カンパを送ってくれた女性に会いに行ったそうです。自営業の人で、家族で働いていて、特にゆとりのある人ではなく、たまたまお母さんから遺産が入ったので、テレビをみてすぐ送ろうと思ったということで、瀬川さんは感激していました。200万円のカンパをどう生かしたらいいか、シベリア鉄道をつかってミンスクまで車椅子の山田さんと通訳の上智大の学生と3人で旅する計画をたてています。

注射針もジュノーの会といっしょに名前を書いて、ヒロシマから送りたいといっています。

瀬川さんとは今までも知り合いでしたが、今回のことで親しく話してみると、すごい人だなあと思いました。東北大のそばに住んでいて学生たちの活動から刺激を受けていたそうですが、本格的にはべ平連からだそうです。

チェルノブイリからの手紙・絵画展の感想から

6/22（土）〜6/23（日）　府中市福祉会館会場分

「じょうずだった。じぎょうちゅう、はなじとなみだがいっしょになっていたからかわいそう。」　　　　　　　　　　　（9歳、女性）

「2回も見にきました。2回目はおかあさんときました。」
　　　　　　　　　　　　　　　　　　　　　　　　（9歳、女性）

「はくちょうが、十じかに、やって、くぎでうっていて、かわいそうだと思いました。」　　　　　　　　　　　　　　（9歳、女性）

「むごいえばかりでした。」　　　　　　　　　　　（10歳、女性）

「10才でもすごいえでした。」　　　　　　　　　　（10歳、男性）

「明るいような絵なのに、暗いイメージで絵をかいていると思いみていました。
　（世界のヒバクシャ救援について）世界で苦しんでいる人に『がんばって！』といいたいです。」　　　　　　　　　（11歳、女性）

「私たちと同じ年や、それよりも小さい子たちが、いっしょうけんめい書いた絵には、とてつもない何かがいっぱいつまっているようでした。」
(13歳、女性)

「明るい絵なのに、よく見ると、さびしい、苦しいということがよーく分かった。血がよーくみえたんだけど、あれは、多分、ほうしゃのうのために血が出たんだと思いました。
(世界のヒバクシャ救援について)とてもいいことだし、あたり前のことができないというのは、なっさけない。私たちも、平和学習をしているので、できることは協力しようと思っています。」
(12歳、女性)

「明るく、とてもそこの様子がよく分かりました。私たちは食べ物にこまらなくくらせているけど、チェルノブイリの子は食べ物も安心して食べられないのが手紙で分かりました。
(世界のヒバクシャ救援について)世界で苦しんでいる人にがんばってとつたえたい。」
(12歳、女性)

「絵から、いろいろなうったえかたがわかった。授業中でも、はなじがでたり、なみだがでたりして、かわいそうだった。
(世界のヒバクシャ救援について)わかりません。」(12歳、女性)

「一番おどろいたのは、放射能の汚染範囲でした。原子炉からかなりはなれたところでもかなり汚染されていました。それだけ放射能に苦しんでいる人も多いと思います。
　その人たちの書いた手紙を読むとひどく胸が痛みました。ソビエトは今、ただでさえ食糧不足にみまわれているのに、その中で手に入る食糧も恐ろしくて食べれないという文でした。とてもかわいそ

授業中

オルガ・コズレンコ（8才）：ラドミシュル郡　マカレヴィチ

チェルノブイリからの手紙・絵画展より

「ジュノーさんのように」ニュース6号

うに思いました。」 　　　　　　　　　　　　　　　　（14歳、男性）

「その時の様子や恐ろしさが絵にいっぱいつまっていたと思います。口から血をはいている少女や森が枯れている絵などはとくに心をうたれました。
　チェルノブイリにいる人たちは、毎日放射能がはいった食物、汚染された空気の中でいっしょうけんめいに生きているのに、僕たちは何も協力していないし、『そんなことは、ほっとけ』とか変な考えをもっていました。今日、ここに来てチェルノブイリの人々が『不幸がおとずれないように』とか、僕たちのためにねがっていてもらっていたりするので、僕はチェルノブイリの人たちのためにちょっとでも協力していきたいです。」　　　　　　　　　（14歳、男性）

「手紙を読んでいて、すごく悲しかった。
　私と同じくらいのとしの子や、もっと小さな子が、病気で苦しんでいると思うと、かわいそうだし、悲しいです。
　何かしてあげたい。
　絵には、苦しみや悲しみ、いかりがこもっていたと思う。チェルノブイリがばく発をおこすまでは、みんなが平和にくらしていたのに……。
　手紙の中にもあったように、今日見たことを、多くの人に教えてあげたいと思います。『私が死んでも、土にはうめないで』というのが、とても心に残っています。」　　　　　　　　　（14歳、女性）

「とても胸があつくなりました。
　今はあまり、チェルノブイリのことについて勉強していないけれど、学校でみたビデオよりも、もっと強い訴えだったと思います。日本の人々にすごく『協力してください』『手をかしてください』

といっているような気がしました。

　絵はとってもその時のことを表現していたと思います。子どもの純粋な目にうつったことなので、その人の気持ちが前よりもよくわかりました。チェルノブイリの人たちの本当の苦しみは、私たちにはわからないけれど、それに近い苦しみはわかると思います。一人でもいいから助かるように、今幸せで元気な毎日をすごしている私たちが努力しなければいけないと思います。

　チェルノブイリの人たちよ……病気に負けないで、生きるという言葉を信じて、闘ってください。

　夏の平和集会でも少しずつ取り組んでいこうと思います。」

(15歳、女性)

「チェルノブイリについては、よくテレビとかで見て、いろんなことを、思いました。最終的には、『助けないといけない』『助けてあげたい』ということだけど、実際、何を、どうしていいのか、わからなくて、いつの間にか忘れてしまっていたんだけど、今日、ここに来て、何かできたらいいと思います。チェルノブイリからの手紙を見て、私も、チェルノブイリの子供たちと文通したいなあと思いました。

　これからも、たくさん、今日みたいなのをやってください。

　私にできることなら何でもやりたいと思います。」　(15歳、女性)

「小さい子が、自分が見て、思ったままを、いっしょうけんめいかいてあったと思う。

　すごく、悲しい絵もあった。

　でも、これが現実だと思う。」　　　　　　　　　(15歳、女性)

「手紙で、お母さんやお父さんの気持ちは、みんないっしょだと思っ

た。

　子供も、悲しみをすなおに描いた絵が多く、悲惨さがよくわかった。

　今日した募金が少しでも、多くの人のために使われればいいと思った。」
(15歳、女性)

「絵を見ていると、何か"ぐっと"くるものがあった。使っている色は、ほとんどが、くらい色ばっかりだった。

　その、くらい色を選んだのには、子供たちの原発事故への思いがふくまれていると思った。」
(15歳、女性)

「どの絵も、それぞれかいた子供の気持ちがあらわれていると思った。お母さん、お父さんがたの気持ちが、切実に身にしみました。

　なんとかしなければならない。

　その第一歩として私もなんらかの援助をしたいと思いました。(募金をしました。)」
(16歳、女性)

「広瀬隆さんの『危険な話』『東京に原発を』『ジョン＝ウェインはなぜ死んだか』などを読んで、チェルノブイリ事故の恐ろしさを多少は知っていると思っていましたが、その地に生き、生活している人たちがいることを実感しました。

　事故のことを知った時、自分たちに未来がないような気さえしました。子どもを生むのもやめようとさえ考えました。今も怖いです。この先どうなるのか。

　この催しは、救援活動のひとつなのでしょうが、府中の町で活動されていること、すばらしいと思いました。でも、目的は救援だけですか？　私たちはいつまで救援する側でいられるのでしょうか。日本の原発も古くなり故障がたびたびあります。

私たちが今なすべきことは何か。もっと自分たちのこととして考えさせる資料の展示もあればいいと思います。汚染した食品を食べているのは彼らだけじゃない、地球はひとつなのですから。見学者にそのことも伝えてほしいと思います。

（世界のヒバクシャ救援について）一人一人が早く事の重大さに気づき、他人事としてではなく、自分のこととして考えるようにならなければ、なすすべがないのも同然です。」　　　　　　　　　（24歳、女性）

「言わなくても、絵そのものから訴えがきこえてくるようです。
　被爆県民であるわれわれも、もっと真剣に考えていくべきではないかと、改めて考えさせられました。」　　　　　　（28歳、女性）

「同じように子供を持つ母親として、手紙の内容に胸の痛む思いがしました。
　多くの日本人が新聞、ＴＶ等でチェルノブイリのことは知っていても、なかなか自分たちもかかわっていこうという考えには至らないのではないでしょうか（私もその一人ですが）。多くの方々に少しでも考えていただくためにも、このような展示会を多くの場所でしていただきたいと思います。」　　　　　　　　　　（29歳、女性）

「幼い子供たちの題材がこのチェルノブイリ（二度と起こしてはいけない原発事故）ということが、とても残念でした。もっと楽しい、明るい題材を選べる時期なのに、純真な子どもたちの心に深く傷をつけたようで、とても悲痛な思いにかられました。
　こういう絵をかかざるをえない状況においこんだ、社会のあり方を本当に考えなおさなければ、見つめなおさなければならないと思います。
　母親からの手紙には、やはりわが子を思う親の愛情が、ひしひし

と伝わってきます。自分たちが、どんなに苦しい状況におかれても、最後にしめくくる言葉は、日本の家族の人たちへの健康と幸せを願う言葉という、その優しい、人を思いやる気持ちに胸をうたれました。

一人でも多くの人に作品を見てもらいたいと思いました。」
(29歳、女性)

「チェルノブイリの事故については、ほとんどの日本人が知っていても、今、現在、こうして多くの人々が死の不安にさらされていること、十分な治療も受けられずに、多くの子供たちが苦しみ、死んでいっていることを、どれだけの日本人が知っているでしょうか。(私も含めて)知る努力をしているでしょうか。

この手紙・絵画展を機に、私にできることは何かをさぐり、実行していきたいと思います。」
(32歳、女性)

「死の町となっているようすがつたわってきました。おそろしいことだと思います。」
(32歳、女性)

「全体的に色が暗い感じです。絵を見てむねにじんとくるものもありました。」
(38歳、女性)

「チェルノブイリの事故は子供たちにとっても大変な出来事であったことが具体的に伝わるような気がします。身体にとってもそうでしょうが、心にも大変なキズができたことと思います。原子力発電を推進している日本に住む者の一人として、無関心ではいられないと思います。

(世界のヒバクシャ救援について) ヒバクシャ救援についてはよくわかりませんが、原子力発電、核兵器をなくす運動には共感を持っ

ています。また、今回のようにヒバクシャの実態を知らせる努力も大切かと思います。」 (38歳、男性)

「明るい夢をうばわれた子どもたちの、心が伝わってきました。」
(40歳、女性)

「全体的に絵が暗いのと、『善と悪』『平和の原子力で十字架にかけられて』が印象に残りました。
　未来のある子どもたちに少しでも明るい希望をもたせてあげたいですね。」 (41歳、女性)

「私は絵画には興味を持っていて、いろいろと美術館等で鑑賞したりまた購入したりしていますが、この絵画展に出品されているものは、それらとは違って、心の底からのさけび声が聞こえるようで、とても心を打たれました。」 (46歳、男性)

「子供たちが身近な感じを絵に託して世界の友達を求め、うったえようとしていることがうかがえます。
　（世界のヒバクシャ救援について）チェルノブイリの子供たちの展示を見て、ソ連のように私には大国に見える国がなぜ国民の救援が完全にできないのかとも思いますが、できるだけのことはしてあげたい。」 (54歳、性別不詳)

「いい企画でした。文章だけより、写真がついていると、余計に心が痛みます。
　たくさんの方が見に来られることを願っています。
　（世界のヒバクシャ救援について）これ以上被害者がふえないように、運動していかないといけないと思います。」 (56歳、女性)

「どんな著名な画家の絵より説得力があり、心を打った。」

(年齢不詳、女性)

「子供たちの絵をみて、生活やいろんなことに不安を持っている絵、それでもその中で希望を持とうとしている絵、なかでも孤児という題の絵は、家の窓がみんな打たれて居て、開かないようになっていて、庭に一人居る姿が何ともたまりません。

　広島・長崎だけでたくさんと思っていたのに、戦後にこんな事故があり、二度とこんなことがないよう、世界中からなくしてほしいと思います。」

(年齢不詳、女性)

6/24（月）〜6/28（金）　府中郵便局ふれあいルーム会場分

「わたしはこのてんじかいにきて、一日も早くいろんな人が元気になってほしいと思います。

　正月のお休みという絵をみて、きっとそのえをかいた人はそういうお正月をむかえてみたいのかなあと思いました。

　わたしたちの学校にもチェルノブイリのひがいをうけた小学生の人がこられるけど、みんなで心からかんげいして、むかえてあげたいと思いました。」

(11歳、K・Sさん)

「放射のうをあびて苦しんでいる子の絵を見ると、かわいそうでたまらない。けど、私たちと同じように、がんばっていきていってほしいです。

　私たちの県も、同じように放射のうをあびている土地です。けど、私は、この苦しさ、この年代には生まれていない。

　絵を見ると、その時の様子など、よくわかります。

　私たちの学校にも一人の子がくるんだけど、もちろん、あたたかくむかえ、その子が一番のぞんでくれるような学校生活をしたいで

す。そして、文通などし、交流もふかめたい！　またこれる時があったら来てもらいたい。」　　　　　　　　　　　　　　　（12歳、K・Nさん）

「とっても、かわいそうでした。わたしたちからも、文通、友だち、ぽきんです。

　ばくはつさえなければと、わたしは思います。

　わたしは、西小学校です。」　　　　　　　　　　（12歳、S・Sさん）

「とってもよかった。少しきょうみがあるから。

　分かりやすかった。（12歳でも）

　手紙と『チェルノブイリの災い』『孤児』『死の森』がいんしょうづよかったです。」　　　　　　　　　　　　　　　（12歳、S・Kさん）

「私はさいしょの絵はなにかなあと思いました。

　その絵の知っている友だちに聞いたら、学校に行っても、ほうしゃのうをあびて、はなじをだしているからです。とてもかわいそうでした。

　馬もほうしゃのうをあびすぎて黒くなっていて、たてられなくなっていた。たったのばくはつで多くの人が死んでいったので、むごいと思いました。

　チェルノブイリの人、ほうしゃのうなんかにまけずに、がんばってください。」　　　　　　　　　　　　　　　　（12歳、Y・Mさん）

「私は、『善と悪』の絵と、『孤児』の絵と『私の小さな妹』という絵が好きです。

　さいしょ、西校にひばくした子供たちが来るときかされたとき、『げっ、いやだなー』と思いました。でも今では、そんな自分をとてもくやしく思います。『もしほうしゃせんがうつったら、どうし

「ジュノーさんのように」ニュース6号

よう』など、いろいろ考えていました。私はバカでした。

　手紙をよんでからは、私たちのもとへ来られるひばく者たちを『かわいそう』という目でみるのではなく、『仲間』『友だち』というかんじの目でみていきたいです。」　　　　　　（氏名・年齢不詳）

「何も知らない私たちには、いくらこの人たちのことを知っていても、この人たちの本当の気持ちを理解することは難しいことです。

　しかし、こうやってチェルノブイリからの、生の声を、叫びを、見て、同じ今を生きる人間として、心に通じるものがあったような気がします。

　同じ地球の上で、こんなにも苦しめられて生きている人々と、手をとりあって進んでいきたいと思いました。」（15歳、M・Nさん）

「目の前に映るもの、私の心に届くもの、すべてがせつなく、痛みを感じました。私が想像している以上のものが、まだまだあると思います。

　この出来事が起き、消せない罪と悲しみが今、現実に残っています。この出来事以外でも一つの正義のために起こってしまった戦争。そして、残されたこの現実と傷跡、そしてたくさんの悲しみ。

　湾岸戦争が起きてしまって、私にはとめることができなかった。だから、少なからず手を貸した自分がくやしいです。」

（19歳、S・Tさん）

「私は、ここを読売新聞で知りました。私も文通するのが大好きです。住む場所はちがっても、考えを話し合えるということは、とってもすばらしいですね。

　私は、戦争のことは、なにもしりませんが、話をきいただけではそのいたみをうけた本当のつらさ（……を思うと涙が出てきます）

は、わかりませんが、放射線をあびた人々の体は、あとでくる病気。今私がこれからの心がまえをするぜっこうの場と私自身気づきました。（きてよかったです。）

　ありがとうございました。（戦争にいかれたおとうさんがおられます。）

　6/26、10時20分の気持ちです。

　大人が子供を思うのはとうぜんです。今の子供の気持ちになる声みたいなものがもっとほしかったです。自分のことはわかっていても、としおいた人、時代がちがう今の子供たちがどんな考えをもっているか、しりたくまいりました。また、こういう機会がありましたら、よろしくお願いします。（こさしてください）　乱文にておゆるしください。」
　　　　　　　　　　　　　　　　　　　（33歳、匿名希望、主婦）

6/25（火）～6/30（日）　広島市NTTインフォメッセ会場分

「私は、広島大学生協の反核委員会というところに所属しています。反核、反原発などを中心として取り組んでいる会なのですが、企画（講演会、平和公園の碑めぐりなど）を催しても、人がこない……という悩みをかかえています。学内の情況（某派など）もあるのですが、あるクラスで教授が『8月6日、8月9日は何の日か』ときいて、正しく答えられたのは、3割ほどだったそうです。それをきいて、ガクゼンとしてしまいました。このままじゃ、だめだ！　と思っているのですが、なかなか……。どうすればいいのだろう？と、今考えこんでいるところです。

　以前から貴会のお名前は耳にしていたのですが、がんばっていらっしゃるようですね。

　私も、がんばらなくては、と元気づけられます。これからも、がんばりましょうね。お互いに。（……感想になってないなあ。）

（世界のヒバクシャ救援について）なんだか、"かわいそう"とい

う気持ちでやっちゃいけない気がしています。なんか、ちがうんじゃないかな、って。ヒバクシャも、私も、他のみんなも、いっしょだと思うんです。うまくいえないんですけど……。"おたがいさま"っていうか、明日の私っていうか、そんな感じじゃないかなーと思っています。」

(20歳、R・Sさん)

「子供がこんな暗い色をつかうことが……、
　明るいはずの絵がものがなしいのが……、
　　　　　悲しいですね！
本当に明るい絵をかけるようにしてあげたいですね。」

(31歳、Y・Kさん、主婦)

「原子力発電——この危険極まりないシステムで被害を受けるのは、いつも子供や社会的にしいたげられた人々である。

チェルノブイリで作業に当たった人も含めて、この大きなシステムを考え実施に移した責任者たちは、果たして本当に自分たちの『責任』を追及しているのだろうか。

日本の原発においても、定期検診のとき掃除に入るのは原発ジプシーと呼ばれる素人の集団だという。また、生活を維持するために働かざるを得ない留学生まで入っているという話をきいたことがある。

原発システム特に、現在日本で最も問題となっている六ケ所村の再処理工場をまず阻止しなければならないと考える！

(世界のヒバクシャ救援について) ウラン鉱の労働者——濃縮工場、再処理工場、原発の労働者、実際に放射能を浴びて作業している人々、およびその周りの住民、そして広島、長崎、ビキニ etc の被爆者……すべて核の犠牲者といえる。このようなシステム自体をなくしていくこと、またそれを語り伝えることをいつも訴えていき

たい!」 　　　　　　　　　　　　　（32歳、S・Tさん、公務員）

「どの絵も、凄い迫力があり、胸にこたえます。
（世界のヒバクシャ救援について）政府に何かして欲しい。いろいろ救援する会がありますが、連絡とって一つにまとまると、もっと大きなことができるのではないかな、とも思いますが……」
　　　　　　　　　　　　　　　　　　　　　（28歳、看護婦さん）

「実際に被ばくにあった方々の手紙等を見て胸をうたれました。もっと大々的にやったらもっと多くの人々に見てもらえるのでは……」
　　　　　　　　　　　　　　　　　　　　　　（年齢・性別不詳）

「※で閉じたまま、離村しなくてはいけなかった人たち。仲良しだった友だちは鼻血を出しながら死んでいった。
　私だって、ぼくだって、いつかは……こんなことが許されるだろうか。」　　　　　　　　　　　　　　　　（55歳、M・Yさん）

「訴える力のあるものだと思います。
　ただ、一つの疑問があります。黄色いチラシの裏の上から4行〜6行の引用文です。誰のことばか不明ですし、原爆投下と原発事故を同一視していいものでしょうか。被害の大きさをいうための例かもしれませんが、もっと歴史性、認識をきちんとすべきだと思います。
　一被爆者としてこの引用は残念でたまりません。もっともっと勉強していただきたいと思います。
（世界のヒバクシャ救援について）ソ連だけでなく、多くのヒバクシャの実態を明らかにすべきです。特に私たち日本人の責任により生じた被爆者のことも考えていくべきではないでしょうか。」

(55歳、K・Tさん)

「オリガさんの話を聞いていまして、感動と私たちのできることをすこしでもと……。

子供たちの画は今をそして自分たちの未来へも思いをかけているだけに、大人として胸打ちます。子供たちにチェルノブイリのような災害の画を描かせないためにも、できることをしたい。

画を描いた子供が重体であると……大切な言葉を画で記録していると思います。

多くの方々に見て頂きたいですね。

(世界のヒバクシャ救援について)小さなことから、自分でできることからはじめたい。一人でも多くの人に声をかけたい。声を出したい。」

(64歳、K・Iさん、主婦)

チェルノブイリからの手紙・絵画展より

「ジュノーさんのように」第7号　1991.9.5

セルゲイからの手紙
棗田　澄子

　8月9日朝、プルプルプルーと電話のベルが鳴った。
　「セルゲイ！」という利夫の声が、出かけようと靴をはきかけた私の耳に届いた。はきかけた靴をほっぽりだして、利夫の手から受話器をむしるように取り、「セルゲイ！」と呼びかける。
　「ナツメダさん」と、なつかしいセルゲイの声が受話器を通して聞こえてくる。きのう福山駅から彼らを見送ったばかりなのに、寂しくて眠れない一夜を過ごした私には、なつかしいという表現がぴったりするのです。
　「ナツメダさん……」とロシア語で話すセルゲイ。
　2週間、彼の表情とジェスチャーと少しのロシア語と英語で会話をしてきた私たちにとって、この時ほど、片言のロシア語しか話せないもどかしさ、辛さを味わったことはありませんでした。
　元気でネ。きっとまた日本に来るのよ、と言うのがやっとでした。
　「ナリタ　トモロー　ソビエト（成田から明日ソビエトに帰るという意味）」と言って、「フウー」と大きな溜息をつくセルゲイ。
　「帰りたくない」と言っていたセルゲイの言葉が頭をかすめる。
　東京へ立つ前の日、通訳をしてくださったターニャさんに、セルゲイに読んでやってほしいと、私の気持ちを書いた手紙を渡した。彼女は新幹線の中で彼に読んで聞かせると約束してくださいました。

　セルゲイへ
　　短い間だったけど、とても楽しい日を過ごすことができました。
　　君はとてもかしこい子です。日本での出来事を家族や友だちに

伝えて、ソビエトと日本がとても近い国になることを願っています。何でも見て聞いて、知識を広げてください。

　これからの世界を動かしていくのはあなたたちの世代です。利夫にも、平和を考え、そして行動のできる大人になってほしいと願っています。

　あなたがすてきな大人に成人することを楽しみにしています。

　そして、いつかどこかで、大きくなったあなたにまた会えることができたら、どんなにうれしいでしょう。

　あなたが私の家に来てくれたことを、私たちは一生忘れません。

　何かあったら、必ず日本に手紙をください。私たちはできるだけのことをしてあげたいと思っています。……

というような手紙を書きました。

　彼らは短期治療を受けただけで汚染地帯へ帰ってゆかなくてはなりません。甲状腺も肝障害もこれ以上悪くならないようにと願っていますが、悪くならない保証は何もないのです。

　せめて彼らの身に何か起こった時に私に何かしてやることができたら、という思いと、セルゲイから家族へ友だちへ、と輪が広がることを願って書いた手紙です。

　13日、お盆の墓まいりから帰った私のところへ、僕の親愛なる日本のお母さんへ、という見出しで、セルゲイから手紙がきました。

　僕の親愛なる日本のお母さんへ
　こんにちは。お母さんのお手紙に感激して、眠れませんでした。まだ、日本にいるけど、手紙を書きます。

　僕たちの悲劇に対して、短い間でしたけれど、ご家族に加えていただき、ありがとうございました。とても楽しくて面白かったです。ほんとうにありがとうございました。

もし何かご迷惑をかけるようなことをしていましたら、お許しください。僕は、お母さんのところで、とても健康を回復しました。残念だけど、明日はもう、ソビエトに帰ります。帰りたくないです。
　僕も、またお会いしたいです。……たとえば、2000年に。楽しみにしています。
　ご家族の健康をお祈りします。
　トシオ君は、たくさん勉強し、また水泳でたくさん賞をとって世界チャンピオンになるように。
　お母さんが、いつまでも今のまま、健康で、陽気な人でいますように。
　僕たちの難しいロシア語を一生懸命勉強してくださって、ありがとうございます。ほんとうに、いろいろとありがとうございました。僕は、いつまでも、日本でのこと、日本のお母さんたちのことを忘れません。
　それでは、次の手紙まで、さようなら。
　あなたの息子のセルゲイより。　　　　　　　　　　（柳田秀樹訳）

私に息子が一人増えました。とてもうれしいことでした。
　彼を受け入れる前、ホームステイをしようと考えていた時から、私はチェルノブイリに息子や娘をたくさん作りたいと思っていました。私が死ぬまで彼らと付き合いができ、結び付きができるような雰囲気の中に受け入れてやりたいと思っていたのです。
　まさに彼は私の気持ちを肌で感じて、しっかりと受け留めてくれていたのです。
　私たちには、汚染地帯から離れるための何百万ものお金を渡してやることなどできません。しかし、これから、子どもたちの成長に応じて心の支えになってやることはできるのではないだろうかと考

えています。

　何十万ものチェルノブイリの子どもたちや親が日本での治療を望んでいると聞いています。

　彼らが帰って私たちの仕事（役目）が終わったわけではありません。私たちの仕事は今始まったばかりです。

チェルノブイリからのお客様

原　博江

　チェルノブイリからのお客様を受けてからはや一カ月がくる。

　わずかな日数であったが、私たちにいろいろの思い出を残して帰られた。

　ジュノーの会の人たちの思いは、多くの人の心をゆさぶり、大きな仕事をやりとげられたと思う。幕を開かれたと表現するほうがふさわしいのかも知れない。

　「山代巴を読む会」のニュースから始まり、日常の生活を文章にし、語り合う中から生まれたジュノーの会である。

　「原発事故が起き、多くの被曝者があり、大変だという時、政府も広島も何もしない。私たちは何かできないだろうか」と叫ばれた甲斐さんを思い出す。

　当時、気流に乗り放射能がやってきた、とか、雨に濡れてはならないと騒いではいたものの、何の手を打つすべも知らなかった。

　ただ食物汚染におびえていただけである。

　その時は、私に何ができよう、と思っていた。その後、勉強会は続けられ、映画会も継続され、啓蒙活動は続けられた。

　ジュノー精神の研究は、チェルノブイリ被曝者の救援にと具体化され、多くの人たちと奇跡のような出会いが生まれた。

そして、私のような微力の者にも、この活動に参加できた。お陰でこの91年の夏は、暑いとも、体がだるいとも意識しないうちに去りそうである。
　はじめ、ホームステイをすることは、エネルギーの問題をみんなで考えるよい機会だと思った。普段、何とも思わず使用している電気に心を配る運動になると考えた。そして、子どもたちが健康で支障なく滞在してほしいと思った。
　それが、テレビで広島に到着された姿を見た瞬間から親近感が湧いた。かわいく思えた。
　習いたてのロシア語で Умывальная（洗面所）、Туалет（トイレ）、Ванная（風呂）とドアにつけてた。
　オーリャちゃんもエレーナちゃんも、家にこられるや、その文字を見つけ小躍りして喜ばれた。また、タンスの上に置いていたラジコンを見つけ、私に話しかけた。
　言葉は少しもわからなかったけど、動作で見せてほしいと言っているのがわかった。このおもちゃは、女の子二人だけでなく、セルゲイ君にとっても、よい遊びとなった。
　言葉は通じないのは不自由だったが、生活できる自信がついた。
　よく、未知の地へ来られたと勇気に感心した。そして、彼女たちの美しいロシア語の会話に驚いた。三人の会話の、とても美しい音律に、私たちの言葉はどんなひびきなのだろうかと思った。
　世界中の人が、同じテーブルで食事ができて語り合えるなら、戦車も、パトリオットも必要なかろうにと、湾岸戦争を思い出した。
　滞在中、広島での治療の話をしながらも、彼女たちに病気があることをわすれて、計画に合わせてお世話をしていた。

子どもたちと同行して

柳田　秀樹

　今、こうして、チェルノブイリの子どもたちと過ごした2週間あまりの日々を思い起こしながら、本当に書いているんだなあと思うと、いささか妙一な気分である。

　ビザが下りたとわかった時も、子どもたちに会った瞬間でさえ、いや一緒に同行している時でさえも「本当にくることになったの」「本当に会えるとは」「本当に一緒に行動しているんだな」……と目の前の現実とは裏腹に、どこか現実とは思えなくて、「これはすべて夢かな」と思うこともしばしばであった。

　「チェルノブイリの子どもたちをヒロシマへ」と運動を始めてから、実にたくさんの方々から基金が寄せられ、また、いろんな方々からの有形無形の多大な協力のおかげで、「夢のようなことが現実になったのだ」と思うと、何とも言葉にならない。……本当にありがとうございました。

　さて、今だから言えるが、今回の計画が、航空券の関係で一日遅れで到着し、当初の予定通り8月10日に無事帰国できたことも、未だに信じられないでいる。

　入国予定日の1週間前の7月19日の昼間の時点でさえ、入国手続きの書類が日本の外務省に届いているのか、あるいは在モスクワ日本大使館にさえも届いていないのか、といったことさえも解らない状況であった。そして、同日の夕刻に、三谷氏をはじめ、放医協の方々、広島市内の方々の協力で、どうにか在モスクワ日本大使館と連絡が取れ、入国申請の書類が外務省にすでに届いていることがわかり、翌20日、チェルノブイリ救援・中部の坂東さんに励まされて、外務省の内田氏、起山氏を訪ねた。広島県の原対課からも外務省に

電話を入れてくださっていた。お二人ともお忙しい中、快く会って頂き、そして、「病気の子どもたちだから、なんとかしましょう」と言ってくださった。本来なら20日はかかるところを、異例の早さで入国の許可が下りることになった。

　「あきらめないでやりましょう」と励ましてくださった坂東さんの言葉を思い出し、小躍りしながら外務省を後にした。

　そして、7月25日、棗田さんと車中で子どもたちと会った時の会話の練習をしながら、再び、東京へと向かった。その夜は棗田さんはアジア文化会館に、私は蒼生寮に泊めてもらった。

　26日、松岡さんの紹介で、佐藤先生ともご懇意である長瀬隆さんにもきて頂いて、成田空港で到着を待った。予定の時刻を過ぎて飛行機は到着。到着ロビーで待っていると、写真で見たアンチプキン氏とセルゲイ、オーリャ、エレーナの姿が見えた。みんな、とても疲れている様子。飛行機の中でほとんど眠れなかったそうで、オーリャは、表情もかたく、エレーナは、一言も喋らなかった。ただ、セルゲイだけが、羽田に向かうバスの中で、しきりに質問してきた。なんでも、日本に行くことが決まってから、図書館で本を借りてきて、日本について勉強してきたそうで、「日本人は、ノーとはっきり言わないそうだが、ほんとうか」とか次から次へと聞いてくるので、長瀬さんも感心しながら、一つ一つ答えておられた。そして、車を見ては「トヨタ、マツダ、ニッサン……」と叫んだり、「ブルースリー、シュワルツネッガー……を知っているか」と聞いてきたりした。そんな時の彼の表情を見ていると、ああ、やっぱり、同世代の日本の子どもと同じなんだなと、なぜかほっとした。

　広島到着後、記者会見をすませ、その日は全員、ホテルに泊り、長旅の疲れもあるから早く休んでもらった。

　27日、午前、原対協で伊藤先生に診ていただいた。検診システムに子どもたちは一様に驚いていた。一通りの検診を終えてセンター

内の一室で休憩させてもらった。日本にもいくぶんか慣れてきたのだろうか、広島市内でのホームステイを引き受けてくださった林さんが用意された画用紙に、それぞれ好きな絵を描いて、はしゃいでいた。見ると、三人とも自分たちの似顔絵を描いて、（似ていたのはヘアースタイルだけだったが）セルゲイは、その上に「チェルノブイリ子ども代表団」と書いていた。

　また、そこへ、ユニセフからのプレゼントを中尾氏がわざわざ届けてくださった。さっそく開けて、中はジグソーパズルだったらしく、ああでもない、こうでもないと熱中して、わいわいと始めた。食事に行くから、かたづけてと言っても熱中したままで、「ニエット」と言ってじろりと見ると、しぶしぶかたづけ始めた。

　午後からは、いよいよ東洋医学の診察。十河医院で、杉原先生、小川先生、十河先生に診て頂いた。私も、腹部を手で診る「腹診」や小さな打ち出の小槌みたいなものを使って診る「経絡診断」を初めて見させて頂き、感激した。子どもたちは、順番を待ちながら、神妙な面持ちで、興味深くお互いの診察を見守っていた。何かピンと張りつめた雰囲気の中、診察は続けられた。

　それぞれの診察が終わり、次は真知堂に行き、さっそく杉原先生にハリ治療をして頂いた。エレーナは、初めハリを怖がってべそをかいていたが、よっぽど気に入ったのか2回目からは喜んで行くようになった。それはセルゲイもオーリャも同じで、みんな、ハリ治療（というより杉原先生かな）を好きになったようだ。

　28日、日曜日。この日はみんなで宮島見学にでかけた。もう、すっかり子どもたちもリラックスし、思い思いの興味、関心であっちに行ったり、こっちに行ったりと目が離せない。エレーナは一番年下だけあって、感情のおもむくまま、といったふうで、なかなか前に進まない。「ニエット（だめ!）」と言っても、そしらぬ顔。少しきつく言うと、泣きそうな顔をするものだから、「もう少しだけだよ」

1991年8月2日、府中市の清流・河佐峡にて、中学生たちと一緒に泳ぐ

1991年8月2日、府中市内4中学の生徒会役員の中学生との交流会

「ジュノーさんのように」ニュース7号

と気を許すと、すぐにニコッと笑顔に戻る。……滞在中、彼女の泣き顔と笑顔にやられぱなしであった。

宮島の水族館にも行った。電気うなぎを見て、「これが各家庭にあれば、原発がいらないね」とアンチプキン先生。何とも言えず、笑って応えた。館内の売店で品物を見ていると「テレビで見ましたよ。頑張ってくださいね」と売店のおばさんが声をかけてくださった。

宮島見学後、泳ぎたいということで、林さんと子どもたちだけでナタリパークに寄った。流れるプールや波の立つプールに大はしゃぎ。エレーナは、子ども会か何かで来ていた中学生の女の子たちと友だちになった。言葉が通じなくても、そこは子ども同士、身ぶり手振りでコミュニケーションをとっていた。わからないところは、エレーナの提案で、辞書をプールサイドにおいて、お互い単語を指しながら遊んでいた。途中、二人で遊んでいたオーリャとセルゲイも加わり、帰り際、8月6日の交流会に参加することを約束して別れた。

29日。この日は、朝から原対協、県・市・県医師会の表敬訪問、原医研での被曝線量測定、真知堂でのハリ治療と大忙しの一日。表敬訪問は、退屈そうだったけど、「子ども代表団」らしく、日本の印象など堂々と語っていた。

30日、この日からアンチプキン先生と別れて、子どもたちは、いよいよ府中へ。途中一度、8月1日はハリ治療のため広島に通い、5日まで各ホームステイ先で過ごした。

その間、市内の小・中学校の交歓会に出席したり、海や川に出かけたりした。(いろんなエピソードを他の人たちが書いてくださるだろうと思って、楽しみにしています。) 31日には小砂善子さんからヨガを教えて頂いた。ヨガは、子どもたちもターニャさんもとても楽しみにしていて、ぎこちなくではあるが、真剣にやっていた。

私も子どもたちがくる前まで、小砂さんから、ヨガの中には免疫低下を防ぐポーズがあるから、是非チェルノブイリの人たちに伝えてほしいと言われて、特別に教えてもらっていたが、この日もまた特別に小砂さんにきて頂いた。

　6日、平和式典に全員参加し、その後、YMCAで原爆証言者の集いに参加した。午後から、NTTインフォメッセで、プールで出会った子やアメリカからの高校生やセミパラチンスクからきた子もまじえて交流会。日本の女の子はどうですか、と質問を受けたセルゲイは、少し顔を赤らめて、「ちょっと待って」と覚えた日本語で答え、場内、爆笑。楽しいひとときであった。

　7日、再び府中に戻って、原さん宅でお別れ会。ウクライナの歌や踊りを披露してくれた。セルゲイは、将来、音楽家になりたいだけあって、なかなかの美声でした。

　8日、広島といよいよお別れ。福山までみんなで見送りに。広島からのアンチプキン氏と合流し、抱えきれないほどの荷物をもって、東京へ。東京駅に着くと、慶応のロシア語クラスで一緒だった青木さんが駆けつけてくださり、大助かり。なんとか無事に大荷物を持って、宿泊先のアジア文化会館に到着できた。宿泊費は無料にしてくださった。

　しかも、この日の夜は、食堂の中田さんやおばちゃんたちが腕を振るって料理を作ってくださり、各国の留学生と交流会を持った。アンチプキン氏はひどく疲れていたが、熱心な討論を繰り広げていた。一方、子どもたちは折紙を教えてもらっていた。

　9日、この日は、東京見物。留学生のべさんやリュウさんや蒼生寮のデュエットさん、河内さんたちが、上野動物園や遊園地に遊びに連れて行ってくださった。エレーナは、パンダからなかなか離れなかったそうで、立ち去っては戻り……と何度となく繰り返したそうだ。

10日、いよいよ日本とお別れの日。最後だからと話し足りなかったことを話そうと思ったが、うまくいかなかった。見送りに一緒にきてくださった青木さん、デュエットさんが話しているのをただ横で聞いていた。
　セルゲイは、音楽家になって、また日本にくるかな。
　いつも、もの静かで、お姉さん役をしっかりつとめたオーリャは、望みどおり、小児科のお医者さんになってくれるかな。彼女は、滞在中、体調がよくなったのか少し太ったらしく、そのことをエレーナは、こっそり教えてくれ、セルゲイは、「ぶた、ぶた」と言って、からかっていたっけ。
　私の大きな写真と小さな写真を送ってと、大きいのは壁に飾り、小さいのはいつも持っておくからと言ってくれたやんちゃなエレーナ、彼女は将来何になっているだろうかな。
　一人ひとりの顔を見ながら、そんなことを思った。手紙を書くから、手紙をよこしてねと約束した。
　13時、予定通り飛行機は発った。また彼らと会えればなあ。そう、最後のアクシデントが一つ。荷物のチェックの時、花火がひっかかった。持ち帰れないとわかった時の、みんなの残念そうな顔。どうにかして、届けられないだろうかなあ。

ヒロシマ医療交流につきそって

門田　雄治

　広島で撮った写真の、明らかにくたびれてためいき直前の自分の表情をながめて、これじゃアンチプキン医師もさぞかし頼りなかっただろうなぁとふり返っています。
　子どもたちがホームスティで府中に向かった後、アンチプキン医

師は広島に残り、ヒロシマの医師や医療機関を訪ねて回りました。僕はその案内役、といってもタクシーの手配と領収書をもらうのが可能な範囲でしたが、何日かついて回ったのでした。

　子どもたちとともに表敬訪問をした時、県医師会の先生方が歓迎してくださり、杉本純雄先生も、

「この機会にヒロシマのあらゆる医療、東洋医学も西洋医学も総合的にご覧になってヒバクシャを救うために役立ててください」

　と、できる限りの医療協力を用意してくださったのをはじめ、世界のヒバクシャにヒロシマをひらこうとしている放射線被曝者医療国際協力推進協議会の協力で、

7 /30　広島赤十字原爆病院
　　　　広島原爆障害対策協議会
7 /31　広島大学原爆放射能医学研究所
8 / 1 　放射線影響研究所

での研修を受けることができました。さらに被爆直後の医療を行われたお医者さんからのヒアリング（チェルノブイリの医師たちにとっては現在進行中の問題にあたる）を2日間、そして東洋医学の治療と予後のアドバイス等々……たいへん密度の濃い研修内容だったと思います。

　アンチプキン医師がどの研修機関でも注意を払って聞き、質問をくり返したのは、被爆後子どもに現れた症状、胎内被爆、被爆二世にふれる内容でした。そして、今後どんな事態が予想されるのか。ふえていくカルテの、どの部分に注意を持っておくべきか。診察以前の心理的カウンセルはどうあるべきか……。

「長期にわたる少量照射の影響についてはヒロシマには経験がなく、またウクライナで増加している子どもの甲状腺がんも、ヒロシマには初期のデータがないために何とも言えない」──このような話の中で、原医研の佐藤先生は甲状腺の専門家の武市先生を紹介

されたのでした。アンチプキン医師は、

「チェルニゴフ村には甲状腺が石のように硬くなっている子どもたちがいる。この子たちも連れてきたかったのだが、はたせなかった。だからぜひきて診てほしい」

と武市先生に訴えました。

「ヒロシマの医療の技術は大変進んでいる。本の中で見た機械が揃っている。ファンタスティック。しかし、私は落ち込んでしまう。帰国すれば何もない診察室で、ヒロシマのあの機械さえあればと思い続けるから」

とつぶやいたのは、原対協の検診システムと施設を伊藤千賀子先生に案内してもらっている時でした。すると伊藤先生は、

「チェルノブイリの事故が起きて今年で5年めですよね。ヒロシマの5年めにこんな施設があったと思いますか」

とやわらかに話され、

「20年前にはなんにもなかったんですよ。だから作ってきたんです。そして現在の姿があるのです」

とおっしゃいました。最新の医療技術と方法の粋を集めた施設には、実は数十年の無念の歴史が、ドクターの側にもヒバクシャの側にも、おそらく死者とともにある。そんな印象を持ちました。アンチプキン医師たちがこれから作ってゆく検診システムの青写真になればと思いました。

東洋医学会の小川新先生は、

「被爆直後は知識も医薬品もなく、心はあってもなすすべもないという状態だった。すべてがゼロからのスタートで、あとから分かったことが多くて、患者さんに十分な治療ができなかった。だから、あなた方を診ることができるのは私たちにとっても幸せなんです。役に立ちたい」

とヒロシマの医師の心をストレートに伝えられ、アンチプキン医

師は、
「ヒロシマのあらゆる蓄積が今回の三人の子供たちにそそがれたことに感謝します」
と応えていました。

医学の専門の話はほとんど分からなかったけれど、それはもともと僕らの守備範囲じゃなくて、患者やその家族の立場から見て信頼の置けるヒロシマのお医者さんを、チェルノブイリの患者さんやお医者さんに紹介する——そういうつながり方がぼくらの根本なんじゃないのだろうか、とタクシーの領収書をもらいながら考えました。

アンチプキン医師から、また三人の子どもたちから、ヒロシマのお医者さんたちのことがきっと伝わってゆくと思います。

〈お手紙から〉

「ヒロシマの夾竹桃はやはり燃えるように咲くのですね。あの花の勢いが、鮮烈に、私の中に焼きついています。アンチプキン先生、セルゲイ君たちは、無事チェルノブイリに到着なさったことでしょうか。元気でいてくれるとよいですね。

横須賀さんと三日間ご一緒させていただき、さまざまにお世話になりました。ありがとうございました。三日間にコンパクトに運動の内面からの率直な話をうかがい、いろいろな方にお会いし話を聞くこともできて、ヒロシマを切実に肌で感じ帰ってまいりました。

ジュノーの会のメンバーの皆様のお忙しさに接し、お疲れが出ませんようにと心から念じています。

スナップでお送りするつもりで、フィルムを使い終わるのに時間が経ってしまいました。早速いただいた12日付のお便りで、オーリャ

さん、セルゲイ君たち、来たときとうって変わって健康そうになったとのことに、本当にほっと致しました。最後にご一緒だったNTTでは、ずいぶんみなさんお疲れだったようで、その後のご様子がずっと心配でした。お元気に帰られたのでしたら、治療と、チェルノブイリからの発信、親善、平和式典に向けてのヒロシマとの提携の訴えなど、健気にも大きすぎるほどの働きをしてくれたことになります。

　テレビを見た人たちが、私がいくら話しても伝えきれなかったほどに、チェルノブイリを感じてくれています。マス・メディアの影響力の大きいこと、金髪の少年少女たちの映像はなんといってもすてきであったこと、子どもたちには疲れてかわいそうでしたけれど、ヒロシマ被爆の日と重なったからマス・コミがこんなに取り上げたのだということ、を思います。そして、それもすべて、子どもたちが健やかに帰ってくれればこそという気がいたします。元気に帰ってくれて、本当によかった。

　チェルノブイリの二次汚染の中に戻っても、日本に来たことがなお役に立ちますように、もとのもくあみという状況になりませんように、と願ってやみません。

　東洋医学で、ある期間をかけてじっくり治療するためには、広島市内に落ち着いて滞在できるホームステイ先、あるいは里親制度が必要であり、『家庭に受け入れる』ということは並大抵なことではないけれど、広島市が広島市の事業として経済的な負担はかけないことにして公募すれば、引き受けてくれる人もきっといるのではないかしらと、倉敷までの帰途、横須賀さんとしきりに話しながら帰りました。

　今日になって、ゴルバチョフの失脚というニュースがありました。せっかく情報公開の気運が広がりかけたかに見えましたのに、チェルノブイリにとっても先行きが気になります。（中略）

チェルノブイリ―府中―ヒロシマの環がなお固く結ばれますように、セルゲイ君の『愛の歌』が流れる余韻の中に希っております。

8月19日」

（倉敷・室賀昭子さん）

「先日はご多忙な中、いろいろお世話になりまことに有難うございました。『ソ連の政変・崩壊』を、ただ驚きをもって眺めています。府中からの訪ソ等、まだまだ大変な仕事をかかえ大変と想像していますが、やはり世界史を変え創って行くのは40代30代20代の人々、とモスクワの市民の映像を観て強く感じました。

　さて、私にとって『46回目のヒロシマ』は60年近い生涯のうち、強い印象の残るものに、おかげさまでなりました。平岡新市長のアジアへの謝罪表明、チェルノブイリ被曝者への支援、を直に聴くことができ、その声明の基礎にジュノーの会の皆様の『地の塩』的な努力があってこそ、あの日、全世界へ向けての発言がなされたと信じます。

　あの一日のことを私なりに文章としてまとめてみましたのでコピーをお送り致します。（注：『山代巴を読む会ニュース』第77号に掲載させていただきました。）

　また、お話しした『せっけん』のことですが、お盆休みに、勝手とは思いましたが、早速金型を作り、せっけん工場でプレスしてみましたので見本を同封します。

　ノーモア・ヒロシマの下にチェルノブイリとも入れば、また、ジュノーの会の名も入れば、と思います。金型はいくらでも作れますので、ジュノーの会の皆様のご意向をお報せください。裏面も……。説明のしおりも勝手に書いてみましたが……このほうにもご意見を。

　仙台からだと、たぶん1個10円くらいの送料がかかり、実質70円近くになり、金型を提供して広島で将来作れば、お好み焼き、もみ

じまんじゅうとともに『ヒロシマの国際おみやげ』に、など夢見ております。

　昨日、横須賀さんにお会いし、新聞のコピーをいただき、『世界は広島市長の声明に期待し、新市長はジュノーの会に期待し、その府中のジュノーの会を仙台からいくぶんでも支えることで……私たちは……世界史の中へ……』などと話して別れました。

　これからも、府中をヒロシマを訪れることになると思いますので、何卒よろしくお願い申し上げます。

8月24日」
（仙台・瀬川満夫さん）

（注）　瀬川さんの手紙、文中の「せっけん」について。せっけん自体の表側、上部に「NO　MORE　HIROSHIMA」、下部は原爆ドームの図柄。裏面は、地球を大きな手が支えている図柄になっています。この表面の言葉を「NO MORE HIROSHIMA CHERNOBYL」に変えて、説明のしおりを添えて「ジュノー石鹸」として販売し、その収益でジュノー基金を充実させ世界のヒバクシャ救援に当てよう、というのが瀬川さんの提案なのです。

　瀬川さん作の説明のしおりには、ドームを背景にしたオーリャ、セルゲイ、エレーナ、アンチプキン医師の写真が印刷されています。そして、その写真の下部に「1991.8.6ジュノーの会の招きでヒロシマを訪れたチェルノブイリの子と医師」と説明が付いています。そして、『しおり』の文面は……

「この石鹸１個の売り上げのうち、20円は『ジュノー基金』として積立て『ヒバクシャ』を支える『灯（ともしび）』として役立たせていただきます。

- ドクター・ジュノーは、スイスに生れ、国際赤十字の活動に従事、多くの障壁を越え、原爆投下直後、大量の医薬品を調達、ヒロシマに入り『治療』に献身、多くの被爆者の命を救った。この事を記念し広島平和公園に『ジュノーの碑』がある。

•『ジュノーの会』は、世界のヒバクシャを想い、『チェルノブイリの子をヒロシマへ、ヒロシマの医師をチェルノブイリへ』と、市民による『ジュノー基金』を設けた。」(以上、表面)
「本品は、動植物油脂を原料とし、有害な添加剤は一切使用しない『純正石鹸』です。枠ねり、自然乾燥なので放置すると変形しますが、品質に影響なく、溶け崩れのムダがありません。／石油からの合成洗剤と違い、水に分解しやすく、川や海の水質を保全し、手肌の荒れも防ぎ『地球と人にやさしい石鹸』で、食器洗い、洗たく、入浴、ひげそりに安心してご使用下さい。」裏面には、この他、頒布元として、ジュノーの会の連絡先の住所・電話番号、それに、製造元の工場の住所と会社名が明記してあります。(甲斐記)

〈お詫び〉紙数の関係で、今回はここまでです。もっともっとあるのですが、次号までお待ちください。そして、「チェルノブイリから重症のヒバクシャをヒロシマへ」についての話し合いも。ヒロシマを伝えきること、本当に、とんでもないことを始めてしまったみたいです。今日も百円貯金したゾ。(甲斐)

「ジュノーさんのように」第8号　1991.10.10

懸念される甲状腺大災害。ヒロシマの「早期発見・早期治療」検診システムで大惨事を食い止めよう。いまこそヒロシマの専門医をチェルノブイリへ！

　去る9月14日、佐藤幸男教授を団長とする「ジュノーの会・第1回チェルノブイリ派遣代表団」一行は予想を上回る大きな成果を挙げて無事帰国され、29日に府中市で開かれた報告会では圧倒的な迫力と感動を生んだ。

　報告すべきことは実にたくさんあるが、今ここでは甲状腺の問題のみに絞らせていただく。佐藤先生が繰り返し言われた発言をまず引用したい。「私の専門分野のことは、今はすべてなげうってもいいと思っています。甲状腺が大事です。武市先生の仕事を最優先してください。甲状腺だけは是非とも押さえてください」。

　事故後5年経って、チェルノブイリでは予想通り甲状腺がんが急増しており、とりわけ小児甲状腺がんの急増が懸念されている。武市先生は「甲状腺カタストロフィ（大災害）」の予感を口にされた。アンチプキン医師らとの信頼関係の中で、実際に患者さんを診察してこられた人の言葉だけに重みがある。近未来に予想される事態は真に深刻だ。

　しかし、「ヒロシマの被爆医療で、甲状腺ひとすじ」にやってこられた武市先生はまた、「今ならまだ間に合う」とも言われている。幸いなことに、甲状腺がんは早期発見して摘出すれば大丈夫とのこと。遅れれば遅れるだけ危険なものに変性する可能性が増す。

　「広島で普通にやっている『早期発見・早期治療』の方法をソ連現地で啓蒙させてもらいさえすれば、多くの患者さんを救うことができます。この方法なら高価な医療機器も必要としないし、今のま

まのソ連の医学水準でも十分可能です」と武市先生は言われる。そして、「もう一度すぐにでも行ってソ連の医師と一緒に手術をしたい」と熱意を示された。

　願ってもないこと。武市先生にもう一度、できるだけ早い機会にチェルノブイリへ行っていただきたいと強く思う。ジュノー基金、再び走り出したい気持ちでいっぱいだ。（甲）

ジュノーの会・第1回チェルノブイリ派遣代表団の報告会を聞いて

後藤　純子

　8月28日から9月14日までの全日程を終え、無事帰国されたジュノーの会・第1回チェルノブイリ派遣代表団の報告会が9月29日に行われました。報告してくださったのは、団長の広島大学原爆放射能医学研究所の佐藤幸男教授、広島大学第二外科の武市宣雄講師、中国新聞社報道部の山内雅弥記者、医療通訳の山田英雄先生、です。広島在住の4人の先生方全員による豪華な報告会でした。

　4時間近くに及ぶ堂々たる報告を、医学的な知識のない私が正確にお伝えする自信はありませんが、詳しくは今準備中のパンフレットに譲らせて頂き、まずは、会場の様子をお伝えしたいと思います。

　「私はもっぱら友好に努めまして……」とおっしゃっておられたが、今回で4回目の訪問ということで、ソ連の方とのお付き合いも堂に入り、団長としての役割を果たしてくださった佐藤先生が最初にスライドを交え、全体的に説明してくださった。

　佐藤先生はまず、キエフ、チェルニゴフ、ゴメリ、ミンスク、モスクワ17日間の日程を貫く調査方法を示された。

「何が起こっているかを見る場合、一番激しい現場に行って、聞き取りをする。聞き取りというのは非科学的だという意見があるが、そうではないと思う。まず、現地の医師と親しんで心を開いて聞き取るということはあらゆることの本質であり、それから始まると私は思う。」

そして、ソ連では、各地区の診療所は入院施設もなくてあまり器具もないので、州立病院へ送る。特に子供の甲状腺外科のように、専門家が少なくて手術を必要とするものは、キエフ小児科・産科婦人科研究所のような大きな所に送るので、大きな病院に疾患がたまっている。したがって、病院中心の調査というのはそれなりに意味があるのだ、と言われた後、今回訪問した、ミンスク母子保健センター、ミンスク第一病院、キエフ小児科・産科婦人科研究所、キエフ内分泌代謝研究所、いずれにおいても甲状腺癌が1986年以後増加している実態を、手術例の急増など数字を挙げて示された。

また、佐藤先生ご自身の感想として、「原爆の後障害研究というのは、盲目の人が象を手で触るようにさまざまの捕らえかたがされる。だけれどチェルノブイリに関して全体を見ているとは決して言えないが、私たちの感じとしては、（私たちの触れたものは）かなりぶ厚く大きいものであろう、ということを感じてきた」と付け加えられた。

医学的な話の中、スライドに映し出される病院、医師。その中に、エレーナちゃん、セルゲイ君、アンチプキン医師の顔が覗く。会場は一挙に和らいだ雰囲気になる。

エレーナちゃんはキエフで、セルゲイ君はチェルニゴフで、それぞれお母さんと一緒に病院を訪ねてきてくれたとのこと。

エレーナちゃんは帰国後少し風邪を引いたけど、ぐんと身長が伸びたそうだ。

セルゲイ君とお母さんは、花束とウクライナの詩人シェフチェン

コの肖像画を渡してくださり、「自分の息子のために日本の方々がしてくださったことを忘れません。くれぐれもよろしくお伝えください」と何度もお礼を言われ、ついホロリとする情景だったとか。

また、今回は時間の関係で割愛するとの前置きで、次のようなことも言われた。

「アンチプキン医師、他2人の産婦人科医、病理医と話したところ、『奇形が増えている』というお医者さんと、『そんなに増えてはいないが、内容が変わってきた』というお医者さんがいました。といっても、後者の意見は『中枢神経の奇形が増えている。リュウソウ死産（編者注：流・早・死産か？）が3倍に増えた。だから、奇形以前に、早く亡くなる子供がいる』という話なんです。」

そして最後に、帰国途中の機内から撮った日の出の情景が映し出され、

「疲れた状態で空を見上げると、陽が上がろうとして……。われわれとこの国の未来も、この陽のように明るくなってくるのだろうか」

との言葉を添えられた。

深刻な事実を前に、一抹の希望を見いだす思いがした。

次に報告してくださったのが武市先生。

甲状腺の専門家である武市先生は、佐藤先生や山田先生の今までのつながりがあったからこそ、ジュノーの会の活動があったからこそ、今回の成果があったのだ、と心から謝意を述べられ、「早期発見、早期手術をしないと大変なことになる、私はもう一度すぐにでも行きたい」と医師の立場から極めて具体的な道を示してくださった。

「今のところ、被曝は、事故後数週間、数カ月、主にヨード131で汚染された牧場で放牧中の牛のミルクや汚染された野菜類など、食

べたものが甲状腺に集まって、それがその臓器を破壊します。その壊れたところから新しいものが再生するのですが、その再生したものに異常がおこったりするわけです。

ヨードの半減期は７日間と短いものです。

最初はヨードですが、次にセシウムとかの影響が出てくると思われます。」

と、今、小児甲状腺癌が増えている理由をさらりと述べられた後、熱意を込めて、診察状況および細胞の組織変化をスライドを用いてかなり専門的なところまで、こと細かに説明してくださった。

武市先生はセルゲイ君の故郷チェルニゴフのミハイルコツビンスキー村で２日間診察された。アンチプキン医師を始めとしたソ連側病院スタッフが準備を整えてくれていたという好条件にも恵まれ、非常に密度の高い診察、医療協力を行ってきてくださったようだ。

初日に診察された18人のうち16人に異常が見られたが、「萎縮して硬い」甲状腺を目にして驚かれた。それは武市先生ご自身初めて目にされる症状で、広島では見られないもの。通例は「腫大して硬い」のだそうで、「萎縮して硬い」甲状腺というのはあり得ない。ただ、広島でも、僅かに最初期の被爆者の病理解剖所見にいくつか「萎縮して硬くなった甲状腺」と記されている例がある、とのこと。（これは、ヒロシマで長年甲状腺疾患と取り組んでこられた武市先生だからこそ、その重大な意味を瞬時に理解されたのではないだろうか。）そこで、問診、触診、セロファンに写し、エコーにかけるという診察方法に加えて、穿刺吸引細胞診の実施を提案され、ソ連側の合意の上で、翌日は穿刺吸引細胞診に踏み切られた。

２日間の診察を合計すると、40人の患者（ほとんどが15歳以下）の内34人に異常が認められている。

「広島では10年20年経た後大人に起こった変化が、今チェルノブイリでは３年目４年目５年目の子供たちに起こっているんです。」

「広島では歳をとるとともに（甲状腺疾患症状が）タイプの悪いものになる。だけどみなさんいい歳になられてるんです。それがソ連では10歳以下の子供たちに起こっている。」

「広島では22年間に125例であるのに対し、チェルノブイリではすでに100に近い値になっている。したがって、ものすごい数になります。」

また、高、中、低と分けた線量測定と甲状腺異常との関係をグラフで示しながら、

「今後、甲状腺のカタストフィー（大災害）が予想されます。」

とも。

「線量とともにリスクが増加していきます。とくに女性に高い。線量効果は年齢が若いほど明らかです。」

と、胎内被曝をした子の例、肺転移をした例を示された。

がん細胞は、高分化がん、低分化がん、未分化がんと変化する。高分化がんの場合、術後生存率は90％だが、低分化がんでは50％に下がってしまう。したがって、「早期発見、早期治療が必要」。そのために、「日本の診察のシステムづくりを教えてきたい。教えてやるという姿勢ではなく、一緒に勉強させてもらうという形で……。」

そしてまた、

「ある研究機関が研究所をつくり、何年かたって疫学調査できたとしても、意味がない。その病気で亡くならないためには、早期発見、早期手術が必要。それは日本人のわれわれのレベルでできることなんです。」

と明解な立場を示された。

さらに、高価な医療器具ばかりではなく、顕微鏡、スライドグラス、固定液、手術道具、医学書、カラーフィルムなど、日常的なもので足りないものがたくさんある、とのこと。

「そうした方面で、民間団体でなければできないキメ細かい救援

は、非常に大切。県レベル、国レベルなど、救援にはいろんなレベルのものがあっていいのではないか」
と、市民レベルでの救援に示唆を与えていただいた。

山内さんは、派遣団のコーディネーターとして、日程調整から各地の連絡を一手に引き受けてくださったので、一番大変な目にあわれたに違いないが、報道者としての立場から次のような発言をしてくださった。
キエフ、ミンスク、ゴメリのような大きな町の大きな団体には各国からかなりの援助が入っている。傾向として、電子顕微鏡など高価なものを欲しがるが、日常的なものが決して足りているわけではない。たとえば、子供のミルク、離乳食のようなものなど、安いものを継続的に供給するという救援のあり方が必要なのではないか。
また、ジュノーの会の今後の活動拠点として、今回武市先生が診察に当たられ、セルゲイ君もいるチェルニゴフがまだ援助がどこからも入っておらず、適当なのではないか。
今回の訪ソに当たって、(株)カタログハウスからは1000万円相当の医療機器、医薬品等の提供を受け、信州の日本チェルノブイリ連帯基金の方々には現地でも大変に便宜を図っていただいた。他にも多くの人々のお世話になって、やっと役目を果たすことができたわけで、決してジュノーの会だけの力でやれたのではない。今後とも横のつながりを一層大切にして進んで行ってほしい。

「山田先生のロシア語がなかったら何もできない」と武市先生がおっしゃった山田さんは、医学面における通訳としての実力もさることながら、ご自身撮影されたビデオを使って、状況を分かりやすく説明してくださった。
武市先生が穿刺吸引細胞診を一人ひとりの子供たちにされている

様子が、子供たちの不安な表情、傍らで介抱されている佐藤先生、武市先生の真剣な顔、を通して生で伝わってきた。

ビデオを見るうちに、こうして命が救われていくのだと、ジュノーの会の活動が確かなものに思えてきた。

思えば、去年の今頃、どこの誰に何をすればいいのか、皆目見当がつかなかったのを思い出す。

碓井静照先生の話、松岡信夫さんの話、山田英雄さんの報告、吉沢弘志さんの助言、佐藤先生、山内さんの仲間としての助力、渡辺正治先生の助言、坂東弘美さんの協力などなど、多くの人のお力でこんなに具体的な活動になっていった。

そして何より、真摯な基金を寄せてくださった一人ひとりの方々の思いが実ったのだ。

私ごとで恐縮なのだが、事務局を預からせていただいている者のひとりとして、昨年9月のジュノー基金発足以来、基金をお寄せいただいた方に領収書をお送りするとともに、拙いお礼状を書かせていただいている。延べおよそ500人の方からお寄せいただいた。

7月にセルゲイ君、エレーナちゃん、オーリャちゃんの顔を目の前にした時は、つくづくとジュノー基金をいただいた一人ひとりの方々のことが思われ、感無量になりました。お礼を申し上げたいと思いつつ、今、ジュノーの会派遣団の感動的な報告会の様子をお伝えするとともに、改めて心から感謝の思いをお伝えさせてください。

胸の鼓動が抑えきれないような報告会でしたのに、府中市の小学校の運動会と重なり、出席者が30人余りと、先生方には本当に申しわけありませんでした。

今、報告会の記録づくりにとりかかっていますので、完成の後には、当日おいでになれなかった方々にも是非読んでいただきたいと思っています。

なにとぞ皆様、今後とも御支援のほどよろしく、ジュノーの会をお導きください。

8月3日、アンチプキン先生の「ヒロシマの医師」訪問、に同行して

前原　直美

　去る8月2日と3日、チェルノブイリの子どもたちとともにやってこられたアンチプキン医師が、ヒロシマのお医者さんからこれまでの経験を聞いていくという場が設定されました。
　私は、3日の話し合いに同席させていただきました。
　午前中は、前赤十字・原爆病院副院長の蔵本潔先生と、午後は、段原地区でずっと開業医をされている中山廣実先生との話し合いでした。
　難しいことはよくわからなかったのですが、大事な場にジュノーの会のメンバーとして参加させてもらった者の義務として、その時のことの報告をさせていただこうと思います。
　私が呑み込めた範囲でしか書けないことをどうぞお許しください。

　蔵本先生は最初に、御自分がチェルノブイリを訪れられた時のことを話され、医学研究ということではなく、人々はどんな生活をしているか、何を考えているかということ──つまり、社会的、精神的、経済的影響ということで見に行ったと言われました。そしてそこから援助のあり方を考えていきたいと。
　見てきた結果は、状況はヒロシマの当時と同じだったそうです。──情報不足、そして医療の機械もなかった。……そこから、ヒバクに対する恐怖感が出てきていると分析されてました。

ヒロシマの当時の状況について詳しく話されたのですが、その内容は次のようなことでした。
「ヒロシマでは、1952年サンフランシスコ講和条約が結ばれるまで情報は一切流されていませんでした。たとえば、白血病が２km以内に多いとはっきりわかったのは、1953、54年頃、ヒバクに関する情報が流されはじめてからのちであって、それまでは、白血病が多いということを（治療している中で）肌で感じていただけでした。
　そして、原爆病院をつくれという声が出てきて、情報が公開されるようになってから３、４年後の1956年、原爆病院をつくりました。建物も機械も一切、民間からの寄付によるものでした。
　しかし、建物はできたが、初めは運営費用がない。メドもつかないままのスタートでした。その２年後に、国が原爆医療法をつくりました。それでもって運営できるようになったのです。
　病院ができるまででも、９年かかっています。」

　９年も……。この９年の間、早く十分な治療を受けられれば、薬さえあれば、食べ物さえあれば、助かったかもしれない人たちがたくさんおられたと思います。くやしい思いで死者を見送られた方たちが、たくさんおられたと思います。
　蔵本先生がチェルノブイリに援助していこうと行動されたのは、ヒロシマの方々の無念の叫びを聞き続けてこられたからだろうと思います。

　蔵本先生のお話を続けます。
「チェルノブイリで特にわかっていないのは残留放射能。チェルノブイリで放射能がどれくらい落ちているかというのを心配していました。
　カウンターを1000個まず配置していかなくてはいけないのではな

いかと、日赤（日本赤十字）から申し入れたのですが、ソ赤（ソ連赤十字）は『御好意はありがたいが、充分だから』と断ってきました。

そして、ヒバクシャの健康管理が行われているか、住民サイドから尋ねていきました。

『医者から何か指示を受けたか』という質問に、『受けたことはない』という答えが返ってきました。

検尿するにしても、ティッシュペーパーがない。放射線ラジエーターの医師の教育もない。住民も知識がない。という状態です。

この状態を、カウンセリングという方法でなんとかうまく改善できないか……それには人と物とが問題です。」

蔵本先生のお話がここまできたところで、アンチプキン先生が発言されました。

「ソ連赤十字に援助の話しがあったことをうれしく思います。ヒロシマの経験を生かした日本の専門家の声を待っていました。各国より高い日本の技術を期待していました。

'86年に日赤が援助を申し入れてくれたとき、ソ赤が足りていると返事をしたのが残念です。われわれの核被害は大きい。その援助が大きくなれば、被害も解決に向かうと期待しています。」

ここで同席されていたジュノーの会の三谷さんが、

「どこにどうもっていったらいいか。キエフかモスクワか。白血病のどういうところに使われるか、ちゃんと確かめないといけない」

と言われました。

アンチプキン先生は、

「モスクワを通すと難しいので、モスクワ経由ではなく、直接ウクライナ共和国に援助を届けてほしい。また、スペシャリストがいきなり入ってきても還元できない」

ということを言われました。

蔵本先生は、人的交流が必要だということを強調されました。そこには、原爆後のあの9年間が繰り返されてはならないという深い思いがおありなのだと思いました。
　なんとか、チェルノブイリのヒバクシャの方々に有効な援助が届くようにと願って、日赤の応接室を後にしました。

　午後は、段原地区にある病院、中山医院の中山廣実先生のお話を聞かせていただきました。
　広島市内にある段原地区は、原爆が投下された時、ちょうど比治山の陰になったことで被害は家が傾いた程度で、くずれたところもなかった場所です。だから、中心地で被爆した人が親戚や知り合いをたよってこられ、1軒に2家族住んでいるところが多くあったそうです。
　市街からタクシーでこの地区に入っていった時、広島のにぎやかな繁華街をちょっと抜けたところにあるなんて信じられないような、ひっそりとした所という印象を受けました。
　狭い路地を通ってるうち、「ここです」と着いたところは、大きさもかっこうも他の家と変わらない小さな病院でした。まさに町の中にある町の医院でした。
　中山先生は、原爆が落とされたときは、ビルマにおられたのですが、1946年7月に段原に帰ってこられ、お父上の病院を継がれたそうです。
　当時、患者は多く、栄養失調がほとんど。食べ物がなく、食べられるものは何でも食べていたので寄生虫も多く、夏は、大腸菌でも疫痢のような症状がでて、下痢、嘔吐によって脱水症状をおこし一晩で死んでしまう子どもが次々と出たそうです。
　薬はなく、ブドウ糖を首の静脈から注射したということです。

「皆さんの健康管理については、原対協でも計画していますが、予算の都合でまだ実施の段階にまで至りませんので、当段原地区を其のモデルケースとして実施致します。

　従って、将来原対協が健康管理を行ふ場合に、それに統合されます。

　統合されるまでは、中山病院及び市民病院で行いますから、どちらででも診察を受けて下さい。」

これは、1952年、中山先生が出された被爆者健康手帳の、表紙をあけた扉のところに書かれてある文章です。

中山先生がこの手帳を出されたのは原爆が落とされてから7年後。これを作られるまでの7年間、中山先生は、情報もない、物もない、何もないところ、ゼロのところで患者さんとともにずいぶん苦しみながら歩まれたと思います。次のように言われました。

「原爆についての情報は何もなく、1951、52年になってABCCが白血病が多いと発表したのがはじめてで、被爆者はどういう症状になるか、全然わかっていませんでした。

　ただ、原爆に特有の病気があるんじゃないかと、大体みんな思っていました。

　そして患者さんは、自分は体が悪いと思い込んでいて、なかには、なんでも病気を原爆と結びつけ、ノイローゼになった人もおられました。『その病気は被爆とは関係ない』と言っても、本人が納得しないのです。」

住民の人たちの不必要な不安を取り除くために、中山先生は、段原地区2000人の住民の人たちに、2000人分の健康手帳をつくり、全員の健康をチェックされました。

しかし、手帳を配っても、人々はあまり診察を受けにこなかった

そうです。

　なぜか……。

　自分の病気をはっきり知ってしまうことへの不安。そして、知ってしまったところで、治していくだけの経済的余裕がないという実情。

　そこでまた中山先生は苦心の策で、せめて検便だけでもと、玄関のところに「検便をしてください」という紙と道具を置かれました。そうすると、玄関先にちょこっと置いていかれる人が、けっこうおられました。中山先生はそれを調べてあげて（もちろん無料で）結果を置いておかれました。……「異常なし」ということで安心して帰られた人も多かっただろうなぁと想像します。

　原爆投下の１カ月後、15トンもの医薬品を持ってヒロシマを訪れたジュノー医師も、その後は救援を続けることができませんでした。被爆者の方々は、救援の道を絶たれてしまったのです。

　でも、それからのち、情報なしの現場で、非常に細かな神経で、被爆者の方々に寄り添って、背後からしっかり支えてくださったお医者さんがいらっしゃった！――今さらながら感動しました。

　もう一つ特記しておきたいことは、「土曜会」というのを、10名〜15、16名のお医者さん仲間でつくられ、被爆者の治療のための研究をされていたということです。

　その中には、ケロイドを治す植皮の機械をアメリカから持って帰られた原田東岷先生、そして於保源作先生もいらっしゃったそうです。

　中山先生は、

「被爆した人を東京へ連れていって診てもらったこともあったが、『ヒロシマの外科医がここ（広島）でやらなければ』と原田先生が奮闘され、私はそれに刺激を受け、内科でもやろうと、市民病院、

県病院に血液検査を頼みにいくなどしました」

と話されました。

この会がのちの原対協の前身となったそうです。

ヒロシマの先生たちのこの会、その名が「土曜会」。ここで私は、中井正一さんたちが戦前、人民戦線活動として作られた雑誌の名が「土曜日」であったことを思い起こしました。これは偶然の一致だったのだと思いますが、私には中井さんの意志、ジュノーさんの行動、そして中山先生と、それぞれ実際は一面識もない方々が一つの線で結ばれているように思えました。

破壊の歴史ではない、人間らしい歴史、ヒューマニズムの歴史というようなものでつながっているような気がしたのです。——そして今、目の前にいらっしゃるアンチプキン先生もその流れを汲んでいかれる方なのかもしれない、と。

アンチプキン先生は、終始熱心に中山先生の話を聞いておられましたが、最後に、

「パイオニアの先生に深い感慨を覚えます。専門医の先生の熱意によって被爆者手帳がつくられ、それが現在につながってきているのだと分かりました。

ヒロシマ・ナガサキの悲劇を三度おこしてはいけないという熱意が、こういう資料を残していこうという行動になったのだと思います。

私も、現在、汚染地帯に住んでいます。専門家の手本をいろんな面で活用させていただこうと思います。

私たちも努力しています。子ども・大人の追跡調査を将来にわたってやっていこうと思います。

ヒバクシャの治療を、パイオニアとしてやろうとされたことを、今私たちがやろうと思います。

他の人にやりなさいと言うのではなく、先生ご自身が将来につな

げようとされた熱意がすごいと思います」

と中山先生の目をじっと見ながら言われました。(非常に元気づけられたようなご様子でした。)

それを受けて中山先生が、

「ヒバクシャの方々に健康手帳を渡して、定期的に検診、治療していく以外にないと思います」

と言われ、

アンチプキン先生は、

「手帳は、将来おこるかもしれない病気の予防になると思います。大きな異常がおこる前の予防に」

と答えられました。

アンチプキン先生の背後には、はかりしれない不安をかかえた、たくさんのヒバクシャの方々がおられる。そしてその方々は、まさに今、ヒロシマの、原爆病院ができるまでの歳月、講和条約が結ばれ原爆医療法ができていくまでの十数年間と同じ、苦しい混乱状態の中にあるのだと思います。

だから、苦しみの中からここまで歩んできたヒロシマの人々による力添えは、チェルノブイリの人々に対する何よりの励ましになるのだと思いました。

※ジュノーの会では多くの方のご協力を得て今夏、「被爆治療に当たられたヒロシマの第一線の医師」の先生方の経験をアンチプキン先生に伝えていただくための日程を組ませて頂きました。先生方、本当にありがとうございました。冊子作りが遅れて申しわけありません。

第1回チェルノブイリ派遣代表団の報告会・参加された方の感想から

「直接チェルノブイリを訪れた先生たちの話を聞くことができ、よかった。ただ、医学的知識がないため、わからない点もありました。しかし、早期診断・早期治療を行えば救える子供が多いという話は非常に気になります。少しずつでもいいから、長い期間の救援、交流を行うことができればいいと思います。」　　　（H・Sさん、38歳）

「今までの実績を記し、今後の方針について各種団体の協力を得るように働きかけることが肝要。地方自治体などへも積極的に働きかけなさい。会社などへも働きかけるべく、市民運動として声を大にしたいものです。」　　　　　　　　　　　　（B・Sさん、87歳）

「テレビでみたよりも、本で読んだよりも、もっと、チェルノブイリを身近に感じることができました。最後の甲斐さんのまとめと、これからの方向についてのご提案。このようにすぐに提起できることはすごいなーと思いました。

　8/6の市長や首相のことば『広島は……はじめました』を、みんなしっかり聞いています。自治体や国へ、そういうことをやらせるように要求していくことも、とても大切だと思います。たとえば、旅費を市や県に出させるとか──。そうしないと、内田さんの言われるような困難も大きくなってくるのではないでしょうか。」

（K・Tさん、52歳）

「チェルノブイリに関する話を具体的に聞くことができてよかったと思います。子どものガンがこれから増えてくるという話で、暗い気持ちになります。もっともっと関心を広げねば、と思いました。

ジュノーの会の健闘を祈ります。」　　　　　（H・Tさん、51歳）

「甲状腺ガンが予防できることを聞き、是非もっともっと、そのやり方を広めていただきたいと思った。
　2歳の息子を見ながら聞いていたのだが、マスコミにもっと取り上げてもらうためにも今度は、重症の赤ちゃんとお母さんをヒロシマに呼んで治療するというのはどうだろう。赤ちゃんのはかない生命を見て、みんなが救けたいと切実に思うのではないか。少なくとも、子どもを持つ母親には多くのものを訴えうると思う。」
（K・Mさん、28歳）

「話の中で一番ショックを受けたのは、手術用のメスや針などの用具が30年以上も前のものが使用されていたということです。ビデオの中で、男の子の首の所を手術した後に小さな穴があったのも納得できる話だった。現在の日本では、考えられないような傷跡だった。」
（H・Sさん、17歳）

「ジュノーさんのように」第9号　1991.11.15

甲状腺大災害を防ごう！　残された時間はあまりない。
直ちにヒロシマの専門医をチェルノブイリへ！

　「ジュノーの会・第1回チェルノブイリ調査団」の一員として、実務面の一切を担う形で現地に赴いてくださった中国新聞の山内雅弥記者が、「むしばまれる生命――チェルノブイリからの報告」と題する報告記事を発表された（10/5〜10/9中国新聞に5回連載）。多くの方々に是非読んでいただきたいと思う。

　「急がなければいけないのは、子供たちに多発している甲状腺がんの早期発見と早期治療。幸いなことに、甲状腺がんは早く見つけて摘出すれば、助かる可能性が高い」というのが山内さんの結語部分の書き出しだ。そして、「広島には甲状腺がんも含め、被爆者の診療を通じて培ってきた検診システムがある。現地の人たちと協力し合って、カタストロフ（大災害）を食い止めなければ」という武市先生の言葉を引用した後、「残された時間はあまりない」と締め括っている。

　山内さんはまた、カタログハウス社の『通販生活』'91年冬号にも寄稿し、こちらでは、「ささやかな市民の力でも、まだまだ役立てることはある。そんな思いを強くした（ソ連滞在の）17日間だった」と書いている。

　確かに、「ささやかな市民の力でも、まだまだ役立てることはある」。しかし、「残された時間はあまりない」。だから、「急がなければならない」。そのとおりだと思う。

　ヒロシマの「早期発見・早期治療」検診システムの導入でまず「甲状腺大災害」を食い止めよう。そのため、広島大学第二外科の

甲状腺専門医・武市宣雄先生に現地を再訪問していただき、甲状腺ガンの早期発見・早期治療体制を確立していただこう。──前号での概略こうした旨の訴えは、幸いにも共感の輪を広げている。ご賛同いただいた方々からお寄せいただく基金も徐々にふくらみ始め、現段階でも武市先生と医療通訳の山田さんの旅費・滞在費だけは確保できる見込みとなった。(ホッとしています。ありがたく。)

少しずつ走り出したい。日常的な手術道具や粉ミルク、基本薬など緊急の必要物資も、今度こそ自分たちの手足を動かしてできる限り集めたい。非汚染食品の供給、汚染地からの移住促進、ヒバクシャの心に添った医療と福祉の実現……大目標を唱えながら。(甲)

ヒロシマとの文通を望む
ウクライナ汚染地域の母からの手紙

──理性は引越すべきだと言いますが、感情が賛同しません。──

こんにちは。

ひとりっ子の母がお手紙をさしあげます。この子は私にとって、それぞれの母親にとってと同じように、この世で何より大切なものです。私の息子はもう大きくて、1月で13歳になります。チェルノブイリの恐ろしい悲劇が起きた時は8歳でした。

たくさんの知人がよその土地へ移住しました。私たちは移住していません。第一にわが家の気質は移り気でなく、変化を好まないからです。第二に、私たちは自分の家を建てていて(完成すらしていません)建設は10年間続いています。というのは、ほとんど全部自分たちでやっており、手助けはないからです。それに加えて、私と夫は通信教育で学びました。私は総合大学、夫は農業大学です。こ

れは私どもの人生において、とても困難な時期でした。肉体的、物質的にであって、精神的にではありませんでしたが。

今、生活は楽ですが、この不幸の中にいると、昔の困難が幸福に思えます。他の人と比べると、私たちはまだ無事ですけれども……。息子が具合が悪くて、顔色が悪く、ときどき頭痛と目まいがして神経過敏というだけです。私たちの地方では、多くの子供たちの視力が大層落ち、風邪による病気が重くなっています。実際、子供たちは土地の産物を食べており、汚染されていない搬入品は大海の一滴にすぎません。

恐ろしいことに、私たちはこのような環境に住んでいるのです。理性は引越すべきだと言いますが、感情が賛成しません。そこでこの場所にとどまっているのです。

私の息子が言いますには、隣の娘さんが両親と話したそうです。「もし、私が片端の子を産んだら、罪はあるのかしら」。そのようなことを言わなくても（そんなことがありませんように）。

そのようなことが起こるのでしょうか。実際、永年にわたって浴びつづける微量の放射線が肉体にどのような影響を及ぼすのか説明できる人はいません。国は本当に知らないのでしょうか。それとも、住民に隠しているのでしょうか。

日本の、私たちが現在暮らしているのと同様、広島や長崎の爆心地から100～150kmの所に住んでいる仲間と、不幸について手紙で話し合いたいと強く思っています。

私たちには、お互い話し合うことがたくさんあると思います。

私の家族は労働者村ゴラドニッツァに住んでいます。私は農学校で教師をしており、35歳です。夫は農業技師で、現在、村ソヴェートの議長として働いています。息子は7年生で良く勉強しています。知識欲も旺盛な子ですが、落ち着きがありません。私たちと一緒に年とった祖母が暮らしています。

日本の家族と文通することができたら幸いです。英語で書かれた手紙も読むことができると思います（分かりやすく書いてあればですが）。英語で手紙を書くこともできると思いますが、考えをうまく正確に述べることはできないと思います。

チェルノブイリの被災者の方々へ
ヒロシマからの手紙を送りたい

　名古屋市にお住まいのNさんという方から、次のようなお手紙をいただきました。

　　広島にひっこした友人から、そちらの新聞記事を送ってもらい、こうしてお手紙しています。
　　私は5月に、名古屋市でひらかれたイーゴリ・コスティン展で、ウクライナとの文通を希望してきましたところ、一人の方の手紙が送られてきました。訳つきでしたので読んでみると、その方は、広島の爆心地から100kmくらいの範囲で被爆した人と、放射能の被害について文通したいと熱心に希望しているのがわかりました。
　　かなりの汚染地に住んでいるらしく、一人の息子（13歳）さんが体を弱くしていて心配とのこと。夫婦とも大学を出て教師をしている人たちで、英語で文通可能とも書いてありました。
　　私は、チェルノブイリ救援中部の活動に側面から協力しているだけの者ですが、心の支えになる文通ならできるけれど、この家族の望んでいる、「実際の被害についてヒロシマの人と文通したい」という相手としては不足だと思うのです。私は一度返事を書きましたが、その希望にかなった人をさがしてみるので待ってほ

しいと書きました。
　それで、「ジュノーの会」を通じて、このような希望のウクライナの方と文通できる人を知りたいのです。
　ご多忙のこととは思いますが、ご連絡頂ければ幸いです。
　返信用の切手とカンパを同封しました。よろしくお願いします。
　文通先のコピーも入れました。文通希望の人がおられましたら、先方の手紙もお送りします。

この丁重なお手紙に対して私はなかなか態度を決定することができず、20日ほどボーッと考えた後で、やっと次のような返事を出すことができたのでした。

前略。
　お手紙ありがとうございました。
　返事が遅くなって誠に申しわけありませんでした。
　今夏、チェルノブイリからの子どもたちと医師を招くにあたって、救援中部の坂東さん、河田さんにもご心配いただき、とても助かりました。さらに、ネチポレンコ氏の広島での日程はジュノーの会にまかせていただいた関係で、ネ氏、アルチュフ医師、長谷川さんともお会いしました。
　救援中部の人たちとは関係浅からぬものを感じておりますとともに、ネ氏、アルチュフ女史の真摯な姿に心打たれ、このような方たちなら心から信頼できる、との感を強めています。
　お尋ねの文通の相手について、少し考えてみました。
　ヒロシマの人との文通を望んでおられる、とのことですが、おそらく望んでおられるのはただ文通だけではあるまい、と感じてしまいます。どの被爆者の方にとっても単独では荷が重すぎるのではないでしょうか。

医学上の専門的なことについてもきっと質問されるにちがいありません。事実に基づかない励ましでは、満足してもらえないでしょう。
　自信はありませんが、とりあえず、私の責任で、被爆者の方々との文通を進めてみたいと思います。医学的な質問に対しても医師の方々に問い合わせて、できるだけきちんと答えていこうと思います。とりあえず、と申しますのは、将来もっと多くのチェルノブイリ被災地の方と広島の被爆者の方との交流が進められるようになる方向に向けて、とりあえず、私が知人の被爆者の方々とともに、テストケースとして、というほどの意味です。
　よろしければ、先方の手紙、ジュノーの会宛てお送りください。
　広島へ転居されたご友人から送られてきた新聞記事を通じて、という形でお手紙をいただいたこと、うれしいことです。
　これからも救援中部に対するご支援、よろしくお願いいたします。
　ありがとうございました。
　『ジュノーさんのように』新しい号、同封します。ご一読くだされば幸いです。

　Nさんからは、折り返しすぐ返事が届き、ウクライナからの手紙も同封されていました。(2頁〔125〜127頁〕に掲載させていただいた手紙です。公開を予期しないで翻訳されたものを、無断で公開させていただきました。お許しを。)

　お手紙をよみ、本当にうれしく、やっぱりこうしてみて良かったと思っています。きっとウクライナの人たちも安心して文通ができることでしょう。(中略)
　さっそく私の預かっている手紙をお送りします。

次の１通は私のところへきてしまうかと思いますので、そうしたらまたお送りします。私にもお手伝いできるようなことがあった時には、どうかお知らせください。
　よろしくおねがいします。
　御同封の２誌、よくよく読ませて頂きました。新聞で今夏のビッグニュースとして知ってはいましたが、実際のようすがよくわかりました。いつも同じですが、ソ連と日本のあまりの差（とくに医療の）に胸がいたみます。
　書かれた文はみんな味わい深く、こうした場合の報告の中では独特のものを感じました。会の性格がしのばれる次第です。
　ありがとうございました。
　仲立ちをしてくれた友人も大変よろこんでくれました。○○さんといって、良い人なので広島で活躍してほしいと思っています。
　では拙文にて御礼まで。

　さっそく下江武介さんがウクライナへの手紙の第１便を書いてくださいました。これを英語に翻訳してソ連にお送りします。
　もったいないので、「山代巴を読む会ニュース」にも掲載させていただきました。今後、「ジュノーさんのように」と「山代巴を読む会ニュース」が、チェルノブイリとヒロシマとの往復書簡の懸け橋として役割を果たすことができるなら、とてもうれしいことです。
　チェルノブイリの被災者の方々へ、ヒロシマからの手紙を送りたい──ご協力をお願いいたします。

8月4日、ジュノーの会・チェルノブイリの医師との対話集会に参加して

　——今夏、チェルノブイリの子どもたちと一緒に来日したキエフ小児科産科婦人科研究所のアンチプキン医師は、8月4日、ジュノーの会の人々を前に滞日中ただ一度の講演を行いました。(通訳・山田英雄氏)

　以下、当日参加された方の感想の中から一部を掲載させていただきます。(アンチプキン医師の講演全文については、今年中には講演記録を完成させたいと思っていますので、今しばらくお待ちください。)

「チェルノブイリ5周年。もう5年も経ってしまったという感が強いのだけど、時が経たなければわからないことが多い。このことは逆に風化の原因にもなってしまう。

　少量の被曝でもガンの発生率は上がるということ、それだけにまず目の前でヒバクされた方をどう救うかが問われるんじゃないのだろうか、と思う。

　チェルノブイリ以降、ソビエトでは、中絶が3カ月から7カ月に引きのばされていること、そして産前の胎児診断などの遺伝疾患予防計画が実施されていること、当然それは話の中に出てきた"奇形児"——障害を持った子どもの出生を制限することにつながっているんじゃないだろうか。生まれる前から命を絶たれる、また、絶たなくてはいけない人々の気持ちを知らなければならないと思う。

　生の声を聞かせていただいて大変ありがたかった。本当に多くの人が明日くるかもしれないことに対しての恐れを持って暮らしておられるのだと思う。

　その不安をとることはできないけど、支えとなることがすごく大

切。一市民レベルでうごくことが一番大切ではないか。」

(T・Sさん、28歳、公務員)

「専門的なお話、ありがとうございました。大変参考になりました。
　原爆当時、保健婦として就職していましたので、救護に当りました。その後、上顎洞3回、甲状腺2回手術をし、コバルトも受けましたので、頭髪は薄くなり、声がかすれて出なくなりました。疲れやすくて困ります。
　5年後より学校に勤めましたので、現在は保育所、小学校等より依頼をうけて、私の体験を話しています。子どもたちが大変よろこんでくれます。『お話をしてくれたお礼にみんなに話して伝えます』と感想を書いてくれました。」　　　　　(M・Gさん、65歳)

「汚染されたところに行かないように、学校へいる時間を長くしたり、汚染されていない食料品をさがしたり、転地療養など、放射能汚染の深刻さがあらためてわかりました。」(N・Fさん、40歳、教員)

「今まで、テレビ番組、本等日本人の目を通してしかチェルノブイリのことを知り得ませんでしたが、先生のお話をきいて、より深い事実を知ることができ、自分の思いを確かにしたように思います。
　チェルノブイリと明日の日本、いえ、自分がだぶってしかたありません。セルゲイ君が『二度とこんなことのないようにしたい』と言いました。それはどうすることなのでしょうか。ソ連の原発事情、人々の原発そのもの、チェルノブイリに対する考えを、もう少し聞きたかったです。」　　　　　(K・Hさん、36歳、中学校教師)

「子どもたちの交流について。大変よかった。被爆の症状は(その特長というか)外部からは判らない。病気の有無に関係なく三人と

も大変明るくて、人前でも決しておずおずしない態度──親しみを感じた。

　日本の子どもたちも多くが参加しておられ、よかった。しかし発言がなかったのは淋しい。」　　　　　　　　　　（Y・Yさん、68歳）

「私たちは今日、あたりまえのようにきれいな空気を吸い、きれいな食べ物をたべている。でも、チェルノブイリの子どもたち、人たちは、なんのつみもないことで、放射能の空気を吸い、食べ物をたべている。それに、まだ放射能がたくさんある所にすんでいる人がいる。

　早くきれいな空気の所につれていってあげたい。それに、注射やほうたい、くすりなどをたくさんおくって、病気をなおしてあげたいです。」　　　　　　　　　　　　　（S・Hさん、12歳、中学生）

「子どもたちの半分が将来がないと話の中にあった。すごくかわいそうだ。私は、その半分という文字を少しでものばしてあげたい。チェルノブイリのために、その子の将来がないなんて、かわいそすぎる。一人の子の命というものは、すごくおもたすぎて、もちきれない。もちきることのできないものだ。」（N・Oさん、12歳、中学生）

「ぼくは、広島県の医師の人は、原爆症にくわしい人もいるんだから、もっと協力しないといけないと思う。」（T・U君、12歳、中学生）

「広島市に原爆がおち、長崎に原爆がおち、そしてチェルノブイリに原爆が落ちたのは（ママ）、戦争に勝つための武器としてつくられたものが、電力につかわれ事故につながったものだと思う。（略）世界中の原爆・水爆禁止をうったえなければいけないと思いました。（後略）」　　　　　　　　　　　　　（Y・Kさん、12歳、中学生）

「ジュノーさんのように」ニュース9号

「私は、オーリャさん、セルゲイ君、エレーナさんと日本で会えたことを、大変うれしく思います。セルゲイ君とは、バレーのときに会いました。私のまえで、バレーをいっしょにしました。大変じょうずでした。
(中略) いっしょうけんめいきいたつもりです。大変すばらしいジュノーの会になったと思いました。」　　　　　　　　　　（12歳、中学生）

「セルゲイ君やエレーナさん、オーリャさんたちと話はしなかったけど、とっても、せっきょく的に話をしていた。たのしそうに話をしていた。アンチプキン先生は、白血病などはながくつづくと思います、と言われていました。私は、とっても事故が大きなものだったことが、頭の中にうかんできました。」　　　　　　（12歳、中学生）

——当日岡山から参加してくださった徳方和子さんが、ご自分もメンバーである合唱団の方々に読んでいただくため、「チェルノブイリの子供たちに会ってきました」という報告文を書いておられます。それを次に転載させていただきたいと思います。

チェルノブイリの子供たちに会ってきました
徳方　和子

　広島、府中市の市民団体（ジュノーの会）がチェルノブイリから3人の少年少女と彼らの主治医をこの夏日本に招きました。8月4日、5日と府中市に行き、主治医アンチプキン氏の講演を聞き、子供たちやジュノーの会の人たちと交流してきました。
　一番年長のオーリャちゃん（14歳）は、両親が原発で働いていた

ので、そのすぐ近くに住んでいました。悪いことに、あの運命の4月26日は彼女のお兄さんの結婚式で、集まっていた親類や友人たちみんなが被曝してしまったそうです。一昼夜何の対策もなしに高い放射線の中に放っておかれ、翌日の午後バスがきて家も持ち物もすべて捨てて脱出したのです。今はキエフに住んでいますが、キエフなら安心とはいえないようです。

13歳のセルゲイ君は歌が上手で、4日夜、地元の小学校の校庭で行われた交流会で、ウクライナの愛のうただというすてきな歌をうたってくれました。11歳のエレーナちゃんは、いたずら盛りのやんちゃぶりを発揮していました。

講演会のとき、壁に汚染地図がはってありました。ウクライナ、白ロシア、ロシアの3つの共和国にわたって広い範囲に汚染はひろがっており、その汚染地帯に今も400万人の人が住んでいるそうです。その人たちは自分たちの作る農産物は危険だから食べてはいけない、市場で売っているものを買って食べるようにといわれていますが、売っているものが安全なのかどうかの保障はまったくないそうです。400万人の食べ物を毎日よそから運んでくるのは不可能ですから、結局そこにあるものを食べて日々確実に放射能がからだに蓄積されていくという恐ろしいことになっているのです。

私たちは、たとえばマグロを食べるとき、これは水銀で汚染されていないかしらと思ったり、野菜を食べるときには農薬はだいじょうぶかしらと心配します。この心配が放射能であったなら、不安で神経がおかしくなってしまうでしょう。目に見えない果てしのない不安の中で希望が見えないとしたら……実際あちらでは多くのひとがそんな状態に陥っているし、心配されたとおり子供の白血病が増えつづけ、甲状腺の異常（やがて甲状腺がんに移行する可能性が高い）が増えています。今は元気そうに見える目の前のかわいいこの子たちが何年か後にそんな目に会うのかも知れないと思うとやりき

れない気持ちでした。

　講演のあとで、アンチプキン医師やジュノーの会の方たちとお茶をのんだときにこんなことがありました。子供たちは8月10日にソ連へ帰り、こんどは8月28日に医師とジャーナリストと通訳をジュノーの会からチェルノブイリへ派遣します。そのグループに私費で同行することになっていたY青年が、あちらで出された食事は食べないことにして参加することについて、通訳の山田さんが激しい口調で怒りだしました。「それを食べなければ生きてゆけない人たちを前にして、いっしょに食べないなどとはもってのほか、Yが行くんなら僕は行かない」と。山田さんが言うことは誠にそのとおりだと思いますが、これから結婚して子供をつくるYさんに、たとえ2週間だけでも危険なものを食べろとは言えない。私だったらどうするだろうと考えて、つらい気持ちになってしまいました。結局、Yさんは行くのをとりやめたのです。

　400万人の人たちをいったいどうしたらよいのでしょうか。明日はわが身に起こるかもしれない、この救いようのない環境破壊。「空に小鳥がいなくなった日」が現実のものとなってしまっているのです。環境問題で創作活動をしている合唱団のみなさんにも報告がしたくて、書かせていただきました。

　(ジュノーの会とは——マルセル・ジュノーは広島に原爆が落ちた直後に広島に入り、献身的に働いて数万人の命を助けてくれたスイス人医師です。ジュノーさんがしてくれたように、われわれもチェルノブイリに対して救援活動をしてゆこうという会です。招待の費用、派遣の費用、すべてカンパでまかなわれています。カンパをしてくださった方ありがとうございました。今後もよろしくお願いします。)

ジュノーの会・第1回チェルノブイリ派遣代表団の報告を聞いて

——9月29日に行われたチェルノブイリ派遣代表団の報告会の様子について、前号にいくつかの記事が掲載されています。反響についても誌面で追いかけたいと考えていますが、今回は当日報告会に参加した人から寄せられた感想の中から、高校生の人たちの感想を2編掲載させていただきます。討論の深まりと広がりを切望します。

報告会を聞いて

河原　則和

今回のチェルノブイリ調査団の報告会は、予想していた以上の内容でした。

40人の子供の甲状腺を診察したところ、6例を除いてはすべて異常が見られ、その大半に甲状腺ガンの疑いがあるとのことだった。ある一部分の地域だけで、これだけの高い比率で甲状腺ガンの疑いがあるのだから、汚染地域の全域ではどれだけの人々が甲状腺ガンの疑いがあるのだろうか。想像以上の人数になるにちがいない。

今回の調査では、ヨウ素の影響からくる甲状腺ガンについての診察であったが、今後、今は症状が出ていない人々の中に、セシウムなどの影響で白血病などの症状がでてくれば、それ以上に病人が増加することは、間違いない。

そういった状態になると、放射能による影響についての蓄積がある広島の援助が特に必要となってくる。先生方の話によれば、チェルノブイリでの被害者は、早期診断、早期手術をすることによって、危険性のないうちに治療できるそうだ。広島の医師ならば、そういっ

たことはだいたいわかっていただろう。それなのにどうして、チェルノブイリの事故が発生してから、早期のうちに本格的な医師団を結成して派遣しなかったのだろうか。また、5年も経過してしまった現在でさえも、治療すれば助かるという人がたくさんいるのに、どうして本格的な医師団を派遣しないのだろうか。今年、ソ連から広島に子供たちを招いたり日本から調査団が派遣されたりしていくうちに、病気の人たちの中には精神的に以前よりずっと安心できた人がいるのではないだろうか。広島の人たちだったからこそ安心できた、という人が。

　そういったような援助を医師自身から行っていかないのであれば、ジュノーの会のような市民レベルの団体が援助をしていき、それがあちこちで行われるようになれば、病気の人を助けることができる。今、ソ連では物不足で、包帯がないとか基本的な道具がないという状態なのだから、無理をして高額の器具を援助しなくても基本的な道具を援助すればいいのだから、やる気さえあれば援助はできるだろう。特に広島の人間は、原爆を受けたという被害者意識ばかり表に出すのではなく、そうした悲惨な出来事を繰り返させてはいけないという気持ちを持ちたい。

　市民レベルの援助が行われている中で、ソ連のエネルギー省は、チェルノブイリ原発に立ち入るのにお金を取って、また別の原発を造ろうとしているのだそうだ。今の科学技術では原発は決して安全だとはいえない。そのうえ、核廃棄物を浅瀬に捨ててしまうようでは、ソ連だけでなく世界でも再びチェルノブイリ級の事故やそれ以上の大惨事が起こっても不思議ではない。そうならないためにも、被曝者の援助を続けていくとともに、太陽発電などのクリーンなエネルギーの開発が必要になっている。

報告会を聞いて

井上　光子

　今回、ソ連へ行ってくださった先生方や、報道の人の話を聞いて、まず思ったのは、やはり広島の被爆とは違うことが多いということだった。

　甲状腺ガンの場合でも、広島では10年から20年たってでてきたのだが、チェルノブイリでは、事故後まだ5年しかたっていないのに、甲状腺ガンが急増しているそうだ。スライドでは、1988年あたりから急上昇していた。

　こんなふうに、広島と比較して少し違っている症状を、先生方はこれからも研究し、また現地にいって診察してくださるだろう。

　診察といっても、国は違うし、言葉も通じないわけだから、大変な努力をされることと思う。実際、今回もきっと大変な努力をされていると思う。しかし、助けたいと思ってがんばってくださった努力は、通じているはずだ。スライドでもビデオでも、不安そうに診察してもらっている反面、人々の信頼の目が、先生方に向けられていたように思う。

　だから、また、現地へ一刻も早く行っていただけるよう、みんなで協力することが、残っているわれわれのつとめだと思う。

　それぞれの方の報告が終わって、みんなで討議をしていた時、いつもジュノーの会にきていらっしゃる方が、これからもジュノーの会をつづけていくのが少し不安のように言われた。その時、甲斐先生が、自分はもう何もこわくない。苦しい時をのりこえた今、もう何もこわくない。これからしていくことよりも、これまでしてきたことを励みにがんばろうと、そんなようなことを言われた。私もその通りだなあと思った。先のことを見つめて物事をするのも悪くないが、もし、その先のことがとてつもなく大変なことだったら、そ

のとてつもなく大変なことへ近づくために、今これだけ進んだ、これだけ進んだんだから、また進める。そう自分を励まし、勇気づけることができる。それに、他にもいる、自分と同じ気持ちの人が確かにいる、だから励まし合って進んでいこうと、お互いに背中をおし合えるのだ。ここまでやったんだから、あきらめてほしくないと、周囲の人も思っているにちがいない。

　佐藤先生の報告の時、スライドの最後の映像が、飛行機の中から見た日の出だった。一面に光りが広まっていて、とてもきれいだった。佐藤先生がいわれたように、私もあの光りのように、これからチェルノブイリやその他の汚染地帯の人々の未来が明るく輝いていくように、そして、われわれが少しでもその手助けができるように、願ってやまない。

ある日の事務局の作業から

　ほとんど毎朝、領収書や手紙を書いたり、ジュノー基金や事務費の計算をしたり、予定を話し合ったり……と忙しくしているのですが、ニュースの作成・印刷・発送（1週間〜10日くらいはベッタリかかります）とか別の行事が入ったりすると、つい日々の通信・連絡が遅れがちになり、ご迷惑をおかけしています。誠に申しわけありませんが、事務的能力の向上に努めますので、今しばらくのご寛容をお願いいたします。

　そこで、今日はちょっと事務局の風景を……。たとえば、ある日、前原さんは次のような手紙を書いていました。

　「ジュノー基金、どうもありがとうございました。御礼が大変遅くなりまして、すみません。

世界のヒバクシャの方々のために何かできることをと、貯金をしはじめて２年。
　まず最初は軽症の子を招いてみよう！　そしてこちらから、ヒロシマの医師、ジャーナリストを派遣しようという計画をたて、この夏、この計画を幸いにも実現することができました。
　子どもたちがやってきて、府中の人々の心が動きました。そして、派遣団の成果としては、同封しました冊子『ジュノーさんのように・第８号』にありますように、派遣団の一員、武市先生から「これから甲状腺ガンが急増するが、早期発見、早期治療をしさえすれば治る！」という報告がありました。
　向こうのヒバクシャの子どもたちと肌と肌でふれ合い、チェルノブイリを身近に感じてた中で、今度は甲状腺ガン急増のニュース。……しかし早く治療をすれば（向こうの医療体制だけではそれは無理で、どうしてもヒロシマの知識・技術がいるとのこと）治るということなら、私たちの動き方次第で、この暗いニュースを希望の持てるニュースに変えることができそうです。
　今、基金は再び寄せられ始め、動き始めようとしています。
　私たち一人ひとりが、出せる力を一点に集めて、是非ヒロシマの心をチェルノブイリに送り続けられればと思います。

　みなさまが寄せてくださる基金、どんなお気持ちをこめて送ってこられたお金だろうと、受けとめる器が小さいながら、精いっぱい想いをめぐらせつつ、うけとらせていただいてます。
　いたらない点がありましたら、どうぞ御指摘ください。
　これからも、よろしくお願いします。
〇〇様
　　　　　　　　　　ジュノーの会事務局
　　　　　　　　　　前原直美

同封しました『ジュノーさんのように』は、毎月１回発行しています。お読みいただければと願っています。」

　いつもこんなに丁寧に書いているわけではありませんが、その時々の状態の中で、最大限の心を込めて返事を差し上げているように見受けられます。丁寧に書きたい、でもそうすると溜まってしまう。ジレンマですね。
　上手さでは後藤さんが一番かな。丁寧さでは前原さん。柳田君は内容はいいのだけど、字が……。私（甲斐）はまだほとんど書く態勢といったものができていないナマケモノ。ときどき、森さんが助っ人として参上し、内田さんが自家製野菜持参で、顔を出されます。
　もっと広い場所があれば、いろんな人が入れ替わり立ち替わりで手伝ってくださるのにね、と残念がりながら、でも、毎日、今日はどんなお便りを送っていただけるかな、と楽しみなのです。
　たとえば、この日は、徳方さんから。

「九月末に報告会に参加させていただき、その後、ニュース78号もいただきながら、自分のことに追われてお礼状も差し上げず失礼いたしました。その後、ジュノーの会のみなさんは、武市先生の派遣に向けて、忙しく働いておいでのことと存じます。私もやれる範囲でカンパを集めなくてはと思っております。
　後藤さんが報告会のまとめを書いていらっしゃるのをみて、そのときよく理解できなかったこともわかって、とても良いまとめだと思いました。
　10月27日（日）に岡山合唱団の定期演奏会があり、お金をとって聴いてもらうだけのものにすることと、この時代をともに生きてゆこうという共感を聴く人々と分かち合うことができる演奏を、ということで、10月は練習日がぐんと増え、その分日常の仕事時

間が圧迫されて、他のことをする時間がありませんでした。おかげで、多くの人からいい評価がもらえ、苦労も吹きとぶ思いでいるところです。『感動して涙が出た』とか『明日からまた元気で生きていこうと思った』などと、この上ない感想がたくさん寄せられました。ピート・シーガーは、『歌で世の中を変えることはできないが、歌は、世の中を変えようとする人々を励ますことができる』と言いました。そのようなコーラスをこれからもつくってゆきたいと思っています。」

こうしたお便りをいただくと、疲れもモヤモヤも飛んでいきます。豊かでうれしい気持ちになれる瞬間です。
　気のせいか、最近は、こうしたうれしい瞬間が増えてきたような感じがするのです。
　いただいたお便りは、毎週木曜日夜のミーティングのときに読んでいただくようにしています。また、ふだんから、かごに入れてテーブルの上に置いておき、訪ねてきていただければ、差し支えない範囲で読んでいただくようにしています。散らかし係は私、片づけ係は柳田君です。それでも片づかない時は、片づけ（だけ？）の天才・門田雄治氏の登場を仰ぐことになります。手際の良さでは何といっても棗田さんと門田君が双璧ですね。

「ジュノーさんのように」第10号　1991.12.6

医療交流＆市民交流の道を開こう。
ジュノーの会派遣・第2回チェルノブイリ訪問団にご支援を！

　皆様のご支持のおかげで、第2回チェルノブイリ訪問団の派遣、旅費だけは何とか工面できるめどがつきました。ジュノーの会では来年早々、1月中旬～2月上旬の約10日間、第2回チェルノブイリ訪問団を派遣したいと考え、準備に入っています。できれば、日常的な医薬品、手術用具、医療機器も携えていきたいのです。どうか支援の輪を広めてくださいますようお願いいたします。

　第2回チェルノブイリ訪問団のメンバーは、広島大学第二外科講師の甲状腺専門医・武市宣雄先生、医療通訳の山田英雄氏、ヒロシマのジャーナリスト1～2名（交渉中）、ジュノーの会事務局の柳田秀樹。そして（バンザイ！）、今回は、広島大学小児科の上田教授も同行してくださることになりました。

　甲状腺専門の武市先生に加えて小児科の上田先生が、セルゲイ君の故郷・チェルニゴフ第二病院で直接子どもたちを診察してくださる——すごい朗報ではないでしょうか。

　今回のチェルノブイリ訪問団には大きな目的があります。まず第一に、甲状腺の早期発見・早期治療の検診システムをチェルノブイリ被災地の病院に導入することです。そのうえで、現地の病院当局との信頼関係を深め手術協力なども実現したいのですが、今回どこまでやれるかは、正直やってみなければ分かりません。最大の実りをもたらすべく、上田、武市、山田の三先生が全力を尽くしてくださいます。（次頁掲載の武市先生からのメッセージをお読みください。）

　また、今回は、市民交流の道も広げたいと考えています。医療交

流の第一の場となるチェルニゴフ第二病院は、セルゲイ君の住んでいる町の病院です。事務局の柳田君は、セルゲイ君の学校を訪問したり、友だちたちに会ったり……という日常的な交流をも主要な目的として行きます。可能ならば、オーリャさんやエレーナちゃんの学校との交流も試みてきます。ヒロシマの子どもたちとチェルノブイリの子どもたちの持続する交流のために、いま可能な第一歩を踏み出してみます。(甲)

"甲状腺腫瘍早期診断システム"を チェルノブイリ原発事故被災児に

広島大学医学部第二外科

武市　宣雄

　ジュノーの会の皆様のおかげで今年9月、ソ連の被災地区を訪れ、現場で甲状腺の診察と病理組織の検査を行うことができました。

　佐藤教授からソ連行きの話を聞かされてから、わずか1カ月しかたってなく、充分な準備ができなかった面もありました。しかし当地では、一般に少ないといわれる小児甲状腺癌が事故後早期(5年経過時)にかなりみられたこと、それで亡くなられた例もあることを知り、また、しばしば医療関係者の家族にも甲状腺腫瘍のあることを聞かされて、被災地に今後多発する可能性のあることが推察されました。と同時に、小児甲状腺腫瘍の診察・診断システムが充分には出来上がっていないこと、診断の助けになる病理関係の製品、手術切除に必要な外科関係の製品の不足等に気づきました。

　もちろん、甲状腺癌の系統的早期手術の確立は必要ですが、まず大事なことは、小児甲状腺癌の早期診断です。そのためにはソ連の被災地の1カ所にまずわれわれの行っている(広島大学第二外科方

式）"甲状腺腫瘍早期診断システム"を作ることが第一と考えます。これは、検診時に、問診→触診→セロファン紙への甲状腺腫瘤の模写→エコー→穿刺吸引（と細胞の風乾→染色→鏡顕による細胞診）を行い→翌日には返事をするシステム作りです。

　エコーは9月に持参しており、今回必要なものは、問診表、セロファン紙、肉鉛筆、穿刺吸引細胞診一式（穿刺吸引ピストル、注射器、注射針、スライドグラス、細胞固定液、染色液、顕微鏡〈カメラ付き〉、フイルム）およびカラー写真入りの甲状腺（穿刺吸引）細胞診の書物です。

　これによって、検診にこられた小児に甲状腺癌があるか否か、多くのケースで即日診断できる可能性が開けるわけです。もちろん、他の甲状腺疾患も鑑別できるようになります。このシステムが1カ所から、次第に被災地に拡がっていけば、その価値は計り知れないものがあります。

　もちろん、ソ連の医師にこのトレーニングを行うつもりです。また、このシステム作りが終わったら、次は穿刺吸引細胞を用いての免疫染色、DNA検査等で、より高度の病理細胞診断を得る努力が必要となりますが、これは中央の病院で行ってしかるべきと考えます。また、このシステム作りの後は、当然早期手術を行って転移等を防ぐ等が必要となります。

　行うべきことは多いのですが、まずは基礎固めとして、この"甲状腺腫瘍早期診断システム作り"に関して、ジュノーの会の皆様に協力致したく、よろしくお願い申し上げます。

オーリャちゃんその後・キエフを訪れて

藤本　久格
(朝日新聞・福山支局)

　9月25日から3日間、ジュノーの会から託されたプレゼントを携えてソ連・ウクライナ共和国のキエフを訪ねた。チェルノブイリ原発事故が発生した1986年4月26日に北風が吹いていたら、真っ先に汚染されていたソ連第三の都市。キエフを訪問した時のようすをもとに、検診と治療のためこの夏に広島を訪れたオーリャちゃんのその後を報告する。

　9月25日正午まえ、キエフのボリスポリ空港に到着した。ぽかぽかとした暖かい陽気。気前のいいグルジア人のタクシーに揺られて50キロほど離れたキエフの市街地に入った。「ロシアのパリ」と呼ばれるだけあって、みどりは豊かで、坂の多い石畳が続く。排気ガスで汚れたモスクワに比べて、ずいぶん住みやすそうな町に見えた。そのため、見えない放射能に心を砕かなくてはならないことが、残念でならなかった。

　ホテルに着いて、柳田さんに書いてもらった住所を頼りにオーリャちゃんの家さがしを始める。通訳の吉田浩さん(「チェルノブイリ救援中部」の通訳としてキエフを訪れたことがある東大の大学院生)が電話をかける。オーリャちゃん本人が出た。学校から帰って留守番をしている、という。

　ゆっくりとした速さで流れるドニエプル川を越え、オーリャちゃんの家に着いたのは午後6時過ぎだった。ちょうど、東京の高島平のような高層団地のなかにあった。

　「ドーブルイ　ヴェーチェル(こんばんは)」。父親のゲンナジさん(52)がドアを開け、にこやかに迎えてくれた。母親のナジェージュダさん、実姉のリリヤさん、そして義兄の3人がその後ろに続

く。部屋にかかったじゅうたんの壁かけがきれいだ。吉田さんの感想では、「ソ連の中流以上の家庭」とのこと。

「オーリャは日本に行く前は調子が良くなかったが、帰ってからずいぶん、良くなりました。いまは健康です」。ゲンナジさんが握手をしながら一気に話した。私たちからの電話を受けて、急いで歓迎の宴を用意してくれたのだろう。ソ連では貴重な北方のサケやカニの缶詰、ワインなどが食卓に並んでいた。

ゲンナジさんは中国系の二世で発電所でずっと働いてきた。チェルノブイリ原発の前は、トシケントの火力発電所に勤務。原発で働いていた者の特権で、普通の労働者より早く、年金生活に入っているという。そして、オーリャちゃんの実兄はいま（9月現在）も、スラボウチチの原発で働いているらしい。

テレビの上には、カエルの置物と「まりの唱」という日本人形が飾ってあった。「このカエル、幸福を呼ぶと日本で教えられました」。オーリャちゃんは日本での滞在中に作ってもらった浴衣を着て見せてくれた。

「家族全員、日本のみなさんに心から感謝しています。いつでもキエフに来てください。私たちは歓迎します」と家族を代表して父親のゲンナジさんが言う。2日後に、オーリャちゃんの通う学校を訪ねることを約束して家をあとにした。

州の北部にある町や村の大半が、放射能で汚染されているというジトーミル州の州都を訪れた次の日、約束通り学校を訪問した。オーリャちゃんの母親が同行してくれた。家から歩いて2、3分。団地のビルの間に、オーリャちゃんが通う第265小・中・高等学校はある。

校長室でアレクサンドル・ロージン校長に話を聞いた。「この学校には、プリピャチから50人の生徒が転校して来ました。血液検査

を含め年2回、全校生徒で詳しい精密検査を受けています。子供だからかぜはひくが、(放射能による)大きな影響は出ていない」という。

　オーリャちゃんのクラスには、ちょうど1時間目の最中にお邪魔した。「普通の授業風景を見たい」と考えていたが、日本から珍しいお客さんがくる、として授業はあっさりと、休講。校長先生まで参加した歓迎会にかわっていた。私たちが恐縮すると、「子供たちは授業がつぶれて喜んでいますよ」と校長先生。

　第265小・中・高等学校は生徒数1700人のキエフ有数のマンモス校。オーリャちゃんは9年生で、30人のクラスメイトがいる。女性の担任の先生にも、とてもかわいがられているようで、クラスの中でとてもできる子らしい。

　「オーリャが帰って来てから、日本のことをいろいろと教えてくれました。クラスでは、日本の展覧会を開いているんです」と担任の先生。壁には、オーリャちゃんが日本で記念にもらった色紙や手袋などが飾ってあった。「平和」の色紙を指して、その意味を教えるとみんな大きくうなずいた。

　学校を辞して、キエフを離れる前にオーリャちゃんの母親から「お世話になった広島の人たちに」とおみやげを預かった。「なかなか気に入ったものがなくて」と言って、2日がかりでお母さんが見つけたおみやげだった。

　「あなたたちの出発までには必ず渡せるようにします」と約束して別れ、1時間以上かかる道のりを空港まで届けてくれた。「広島に行って、元気に戻ってきたオーリャちゃんのことが本当にうれしかったんだナ」。預かったみやげ物がずしりと重かった。

声優・草尾毅さんのポストカードのこと

柳田　秀樹

　先日、青木さんからお電話を頂いた。久しぶりである。……青木さんのことは、「ジュノーさんのように」第4号で少し紹介させてもらったが、慶応のロシア語のクラスで知りあった方で、授業の後、食事をごちそうしてくださったり、ロシア語の参考書やテープを貸してくださったり、何かとお世話になった。それに、ジュノー基金にも多額のカンパをよこしてくださった。そして、今夏、セルゲイ君たちが帰国するときには、東京駅まで迎えにきてくださったり、また、成田まで一緒に見送りについてきてくださったりと、いろいろお手伝いをしていただいた。その時、青木さんは、ジュノー基金のことを気にかけてくださっており、何とかしたいと言っておられたのだが……。

　今回の電話は、青木さんの仕事の関係で知りあいになった声優の草尾毅さんの写真をポストカードにして、その純益をジュノー基金に寄付してくださるという話で……びっくりした。

　以前もそうした形で基金をふやしてはどうかといわれていたが、まだそこまでやる力量がないので、「ちょっと……」と消極的な姿勢でいた。本来なら、ジュノー基金の事務局の一端を担わせて頂いている者として、もっと積極的に応じられれば言うことはないのであろうが、まだ、本当に私なんか力不足で、青木さんの熱意に応えられないでいた。

　そんな事情を察してか、今回、青木さんは独自で動いて、草尾さん本人と事務所の方の了解を得て、ことを進めてくださっていたのである。

　草尾毅さんは、あの"聖闘士星矢"のウルフ那智役だそうで、売れっ子の声優だそうだ。……青木さんから電話を頂いた時は、アニ

メの声優だということしか聞いておらず、失礼ながら、草尾さんのことは知らなかった。聖闘士星矢に出てくる声優ということは、本屋で目にした情報誌でわかった次第である。

　わかった時は、これまたびっくりで、実は聖闘士星矢の登場人物の声だけは、よく知っていたのだ。……私は、昨年まで障害者の共働作業所で働いていたのだが、その仕事の一環として子どもたちと自然食品の配達をやっていた。その時は必ず、この聖闘士星矢のカセットをかけるものだから、もうセリフまで覚えるほどで、ひょっとしたら、あの声の人かな、と思ったりして、なんだか一気に身近な存在として感じられた。

　その草尾さんのいろんな写真をポストカードにして、12枚を一組として、2000組作成し草尾さんのコンサート会場で販売するといった計画なのだが、その袋詰めの作業を手伝って欲しいということで11月下旬にはもう出来上がって、送られてきた。

　そのポストカード12枚と一緒にその半分ぐらいのサイズで、ジュノー基金のことを書いたビラを袋に入れて完成というもので、そのビラにはこう書かれてある。

　★このPOST　CARDの純益は全て、
　チェルノブイリ原発事故で被ばくした
　子供たちの医療に役立てる為に、
　ジュノー基金に寄付されます。

とあって、以下、「ジュノー基金とは——」という見出しで、ジュノーさんのことやジュノーの会の説明が続く。（文面はこちらで書いてほしいということで、書かせてもらったが、「ジュノーさんのように」の1ページの下段に掲載してある文章とほぼ同じである。）

　こんな大きなことを青木さんひとりでやってくださり、本当に敬

服する。この顛末を「ジュノーさんのように」に書いて欲しいとお願いしたのだが、「いいよ、おれが勝手にやったことだから。それに、草尾がうんと言ってくれないとできなかったことだから」と縁の下の力持ち役に徹しようとされるのだが、まだ、何もできない私としては、せめて、こうして今回のこのことを紹介させてもらうことで、ご厚意に感謝の意を表したいと思う。

「今日は、マルガリータ先生の授業（会話中心のクラス）で、おればっかり当てるから大変だよ。今期のクラスは、"ノリ"が悪くてつまらねーよ」とぼやきながら、熱心に勉強を続けられている様子。9月ごろキエフへ行くと言っておられたのだが、都合がつかなくて行けなかったそうで、「キエフへ行ったらおれの友だちに土産をことづけてくれよな」と。……気負いなくソ連の方たちとつきあっていこうとされていて、ほんとに気さくな方である。

4月以来のつきあいから、青木さんのことばかり書いてしまった。

草尾毅さんには何と感謝したらよいかわからない。全国のコンサートツアーの会場のステージから、チェルノブイリの子供たちのために、このポストカードのことをおおいに話してくださるそうで本当にありがたい。

また、今回のこれ一度切りでなく、継続してジュノー基金の役に立ちたいと言われている。

草尾さん、そして青木さん、バリショーエスパシーバ！である。

8月2日、アンチプキン医師とともに、ヒロシマの医師を訪問して

後藤　純子

「ジュノーさんのように」7号、8号に続き、この夏アンチプキ

ン医師に同伴させて頂き、長年被爆者治療に携わってこられた広島の医師の方々から、お話をうかがわせて頂いた時のことをお伝えさせて頂きます。

　今回は、8月2日に聞かせて頂いたお話です。午前中は安佐市民病院をお訪ねして、岩森院長初め、奥原副院長、平位先生から、また午後は原田東岷先生のお宅におじゃまさせて頂き、お話をうかがいました。

　この日は朝からタクシーがなかなかこないわ、交通渋滞に遭うわやらで、安佐市民病院到着が予定時刻より1時間以上も遅れてしまうという大失態をしてしまったのです。それなのに皆様には非常に丁寧に接して頂き、身に余る光栄でした。ご同行頂いた佐藤先生（午前中）、三谷さん（午後）が、いたらぬ私たちを終始リードしてくださいました。

　アンチプキン医師は字でびっしりうまったノートを用意されていて、それを見ながら、チェルノブイリの実態を真摯な態度で話されました。また、広島の医師の方々の言葉に、終始メモを取ることを忘れず、真剣な面持ちで耳を傾けて居られました。

　私たちは、医学用語が飛び交う錚錚たる方々の座で、ガチガチになりながらもテープを回させて頂きました。詳しい内容は後日発行予定の報告集に譲らせて頂き、ここでは、拙いながらも、大体の様子をお伝えさせて頂くことにいたします。誤認があるかも分かりませんが、その際はどうかお許しください。

　岩森院長は、ジュノーの会の名誉会長ともいうべき松永勝先生のお知り合いだそうで、そのことはずいぶん後になって分かるのだが、
「松永先生が言っているジュノーさんか」
と私たちにニコニコほほ笑んでくださるような方だった。
　原爆放射能医学研究所の外科に勤務し、原爆後障害の研究をされ

たとのことで、

「原爆後障害の研究を2、3しました。当時被爆者のいわゆる原爆ぶらぶら病という症状が流行っていました。現代医学でいえば、自律神経失調症様の症状です。不定の症状を示しながら年老いていく病態です。しかし結果として、この特殊な病態は否定されました。いつのまにかマスコミも相手にしなくなり、そういう症状も消えていきました。」

この前日、アンチプキン先生は、佐藤先生の紹介で武市先生とお会いになり、甲状腺障害の診断・治療に対する助力を要請されていたのだが、原医研時代の岩森先生の下に武市先生がおられたのだそうである。

ここで、佐藤先生が、「小頭症のドクターとして知られる平位先生が、用事がおありになるので、先に平位先生の話から聞きましょう」とアドバイス。平位先生は急ぎの用がおありになるのに、私たちをずっと待っていてくださったのだ。

「1946年1月からだいたい4月まで、つまり胎児の2カ月から4カ月（6週ぐらい〜14週ぐらい）までの、至近距離1500m以内で被爆した人に、胎内被爆児が出ました。90％が精神知能発育遅滞を伴う小頭症で、現在生存者は約20名で、数名は亡くなっています」と平位先生が話されると、アンチプキン先生は、

「被爆時に6週〜14週の状態で妊娠されていた女性の数はわかりますか？」

（平位先生）「わかりません」

（岩森先生）「1500m以内ですから、ほとんど死んでいるということではないでしょうか」

（平位先生）「胎内被曝児を生んだ女性の数は20名余りです。その妊娠週数の女性の90％から小頭症の子が生まれています。妊娠週数20週以降は出ていません。」

（アンチプキン先生）「チェルノブイリ事故でも、妊娠週数8週〜16週の女性を厳重な監督下に置いて、生まれた子供を追跡調査しています。広島の結果を聞いていたので、追跡調査をしているわけです。」

　ここで平位先生は時間切れだった。時間を引き伸ばしてギリギリいっぱいまで付き合ってくださったのに、これからという時に退出されなければならなかった。残念だった。

　平位先生が退出された後、岩森院長はご自分の体験を話してくださった。
　原爆投下当時は18歳、疎開されていたのだけれど、直後にお姉様を探して広島の街の中をずいぶん歩かれた。岩森先生ご自身は、下痢はしたけれど、髪の毛はあまり抜けなかったそうだ。
　「食べ物がないので、被爆した缶詰をたくさん拾ってきて食べました。当時は素人だったので、たいへんおいしく食べました。それによって下痢をおこしたとも知らず。消化管出血もありました。」
　「治療する術もないので、非常に水を欲しがった小さな子供に水を飲ましては死んでいったという経験もあります。」
　「両眼が燃えて熱いので、川に飛び込んで水ぶくれになって死んでいる死体もよく見ました。とにかく、レ・ミゼラブルです。」
　このお話に対しアンチプキン医師は、
　「先生のお話は非常によくわかります。お姉さんを探された気持ちもよくわかります。実際の光景を目にされた先生の体験、広島の悲惨な状況は私にもよくわかります。不幸なことですが、多分、私も事故の第1日目からそういう悲惨な状況を目にしたから理解できるのでしょう。
　平和目的に使う原子力も、軍事目的に使う原子力も、そういう悲惨な結果をもたらす可能性があります。放射能は、平和目的であれ軍事目的であれ、まったく同じように人体に影響します。私たちは

医療目的で放射能を使いますが、その意味では、事故のことがあっても必ずしも否定的な面だけで見ることはできません。治療のために使うのです。そのために厳重な監視の下で、コントロールして従事していかなくてはならないと思います。」

と言われた。

ここで、佐藤先生が、

「日本は今非常に経済状態がよくなって、医療施設とか薬も豊富になりました。今、ソ連のほうは薬も機械もない状態です。先生が大学を卒業された頃は日本は本当に何もなくて、十何年くらいは薬もないような状態だったと思うのですが、そのあたりの話を……」

(岩森院長)「1950年に卒業しました。当時は日本にも全身麻酔器はありませんでした。朝鮮戦争時、米国の野戦病院が呉にあり、全身麻酔器を見学に行きました。それから後、日本にアメリカから全身麻酔器が輸入されて、私が最初に使いました。

ストレプトマイシン、ペニシリンもまだ日本にはありませんでした。サルファ剤で手術後の感染予防をしました。惨めなものでした。だいたい1955年くらいからやっとアメリカに匹敵するぐらいの薬、道具が備わってきました。」

これから後は、日本側からチェルノブイリの実情について質問する形で進んでいった。

副院長の奥原先生(内科:放射線診断・内視鏡診断)は、

「甲状腺疾患が今言われています。消化器系の癌、血液疾患というのもあるかと思います。われわれも一昨年伊藤先生と一緒に被爆者における消化器癌、特に胃癌を調べました。チェルノブイリにおける消化器系の癌、あるいは血液疾患の発生率はどうですか。」

と質問された。

アンチプキン医師は概ね次のように話された。

「今年の4月26日で事故後5周年を迎えました。いろんな集会や学会が設けられて、事故後における成人・子供の健康状態、あるいは汚染地帯に住んでいる成人・子供の健康状態といういろんな発表がなされました。

　事故後1年ぐらいは、成人・子供の健康状態に特別な著変は認められませんでした。しかし、事故直後は、いま院長先生が話されたような、あるいは体験されたような症状の患者さんを私たちは診ました。アパシー、自律神経失調症、精神的に不安定な人、非常に疲労感を訴える人、こうした人々が事故直後から認められました。

　私たちは当初から、いろんな文献で、将来において悪性疾患が増加するという不安を持っていました。白血病を含めて、あらゆる種類の悪性腫瘍です。

　昨年（1990年）、ウクライナ共和国で20例の甲状腺癌の子供たちが登録されました。この20名の子供たちは今なお汚染地帯に住んでいます。子供の甲状腺癌はウクライナでは経験したことのないものでした。初めて甲状腺癌が出て話題になったのは、1989年のことです。それ以前は非常に稀で、年間1例あるかないかでした。

　こうした甲状腺癌の急増を見て、今年から、汚染地帯に住んでいる成人・子供に対して超音波診断器による診断システムの計画をたて、今実行しつつあるところです。

　約6万人の子供たちが何らかの形で放射線被曝しています。そしてそのうち5800名が200ラドの放射線量を受けています。こういう高線量被曝を受けた5800名に対して、私たちはこれからもずっと追跡調査をし、厳重な監視下におかねばなりません。将来どういう悪性疾患が出てくるかもしれませんから。

　悪性腫瘍の専門家は口腔癌の発生について心配しています。また、確証されたわけではありませんが、白血病の上昇も認められます。いろんな文献では悪性腫瘍は10年以上経って増えているので、不安

に思って観察しています。特に今はこういう疾患が出てくる時期なので、どんな医師も専門家として、より厳重に具体的に監視していかなくてはなりません。

　甲状腺肥大の子どもたち、貧血、神経症状を訴える子供たちが、あらゆる地区で2倍以上の頻度で増えています。呼吸器系、消化器系の症状を訴える子供も増え、すべての免疫低下を示す子供が増えています。

　こうしたことは、毎年専門家による健康診断を厳重に施した結果わかったことです。注意しなくてはいけないのは、事故前はこうした厳重な健康診断はしていないということです。また、こうした子供たちの病気は100パーセント放射能のため、とは言えません。他にもいろんな問題があります。大気汚染、工場の産業廃棄物、土壌汚染、それに放射能がプラスされて、このような多くの症状を示す子供が増えているというわけです。」

　そして続けて、

「私たちは小児科、産科婦人科ですから、まず事故時30キロゾーンから避難させられた妊婦の方と赤ちゃんの健康診断、追跡調査をしてきました。事故時に妊婦だった人の出産時の異常（たとえば出血とか妊娠中毒症）は通常時の2倍半であり、そうした母から死産で生まれた子に甲状腺の異常が認められています。繊維化を起こして硬くなり、濾胞が増加しています。死産でなく正常に出産した子供たちにも生化学的なホルモン検査の結果、甲状腺機能昂進症が見られ、免疫的な検査をすると、Ｔ細胞の変化が見られます。その他、被曝女性の胎盤不全、出生児の奇形（四肢の欠損等）など……、事故後5年の健康状態です。」

　と加えられ、

「われわれの問題で一番大変なのは、広範囲に渡る汚染地帯で、いかにしてそこに住む人たちを定期的な監視下において検診してい

くか、ということです。しかも医療診断器具は不足しています。日本のような高水準のものでない医療器具による診断を続けていかなくてはなりません。

　子供が一番心配です。

　甲状腺のための超音波診断器、生化学の自動分析器、免疫測定器、ホルモンを測定するための試薬などが必要です。国内の状況も作用して困難が生まれていますが、健康は私たちの状況を待ってはくれません。薬を与える時期を患者さんの健康状態は待ってはくれません。それで各地で援助を訴えるのです。」
(岩森院長)「よくわかりました。今、手帳かなんか持たせて観察しているのですか。」
(アンチプキン医師)「そうです。手帳を発行しています。被曝した人たち、あるいは汚染地区に住む人たちを、カテゴリーに分けて登録しています。

　第1のカテゴリーは、事故後1昼夜現場にいて翌日非汚染地区へ移された人たちです。避難する前に髪も身体も何回もよく洗ってから避難しました。このカテゴリーに入る人たちは今後も厳重な検診を行っていかなければなりません。事故直後に放出されたヨード131の汚染を受けていますので、とくに子供たちにとって将来、甲状腺に対する非常な心配が起きてくるでしょう。原子炉の町プリピャチからキエフ市に避難させられた人々は大人3万人、子供7000人です。

　今回きたオーリャは第1のカテゴリーに属しています。彼女はプリピャチに住んでいて1昼夜して移された子供の一人です。事故当日はお兄さんの結婚式で翌日結婚式をまだ続けている最中に事故だと知らされました。事故の情報が伝わるのが遅れたのは、われわれの古い時代（ペレストロイカ以前）の生活様式が続いていたためです。

　この第1のカテゴリーに属する人たち、つまり、30キロゾーンに

住んでいて避難させられた人たちに対しては手帳が交付されています。その人たちがどこに住んでいようが、毎年検診が受けられる手帳です。検査項目が統一されており、各地の人々の検査結果はまずウクライナの統計処理所に集められ、そこから全ソ連邦のセンターに送られてコンピュータに収録されます。このセンターへはウクライナだけでなく、白ロシア、ロシア共和国の各汚染地帯に住んでいる人々の情報も収集されるようになっています。

第2のカテゴリーは、今なお汚染地帯に住んでいる人々です。汚染地帯は、5〜15キュリー/km^{2}とか、いろんな段階に分かれています。こうした汚染地帯には、大きい施設から専門家（私もそうですが）が、医療移動チームとして定期的に健康診断に行っています。エレーナとセルゲイは、こうした汚染地帯に親と一緒に住んでいる子供たちです。

15キュリー/km^{2}以上の地域の人々は本来避難させられている人々です。私たちが医療移動チームとして出かけるチェルニゴフは15キュリー/km^{2}までの汚染地帯です。第2のカテゴリーも、第1のカテゴリーと同様の検査項目で検査して、同様にウクライナから全ソへと集計されます。」

あんなに元気だったオーリャ、セルゲイ、エレーナたちは常に危険にさらされているのだと、今さらながらに思う。

(アンチプキン医師)「第2のカテゴリーに住んでいる妊婦の人たち約1万4000人が私たちの研究所に登録されています。また、第1のカテゴリー、30キロゾーンに住んでいて避難させられた妊婦の出産の経過は産婦人科が診て、生まれた子供はわれわれ小児科でこれから追跡調査していきます。

私の働いている部門で最大の仕事は、汚染地帯とくにチェルニゴ

フ地区の子供たちの検診と、これからの健康状態の追跡調査です。年ごとに追跡調査をしていって、汚染地帯に住んでいる子供たちの健康状態がどう変わるかに注目しています。非汚染地帯の子供たちとの比較も大事な仕事です。長い調査の後、放射能の影響についての結論が出ると思います。」
(岩森院長)「私は母とともに1.8km、姉は500m 以内の被爆でした。戦後46年して、母は90歳、姉が67歳、私は63歳。家系的に放射線に強い家系があるというのを知っておいてください。」
(アンチプキン医師)「そのことは、私たちのところでも事故後、いろんな学者の間で問題になりました。30レム浴びても障害をまったく受けないかもしれないという学者も、そんなことはありえないという学者もいます。

　一定量の放射線を浴びたら……、という形での議論は今までにも行われてきましたが、少量の持続的な内部被曝が人体にどのような影響を表してくるかは、まだわかっていません。また、これだけの量の放射線を甲状腺が浴びた例も、今までにはありません。ご存知のとおり、甲状腺は内分泌の中では大切な臓器です。その甲状腺があれだけの放射線を浴びたということは、ホルモンその他いろんな代謝の面で影響するので、老年化を促進する可能性もあると思います。

　個人の線量については、いろんな議論が出ています。」
(岩森院長)「被爆後の栄養状態、いわゆるソーシャル・ステイタスが、原爆障害に影響します。私、実験でやりました。」
(アンチプキン医師)「ヒロシマとチェルノブイリの被ばくの違いをまず考えなければならないと思います。ヒロシマの場合はガンマー線で、外部被爆が主で、それも瞬間的な場合でした。非常にドラマチックで、みなさんに知られました。

　ところがチェルノブイリの場合は、限定された地域の人々には急

性のいろんなことが出たからわかったかもしれませんが、他の地域に住んでいた人たちはまったくニオイも何もないので感ずることもなく、少量で持続的な内部被曝を浴びていかなければなりません。チェルノブイリのカタストロフィーでは、事故現場以外には壊されたものはまったくないのです。そういうところで、ここのキノコは取ってはいけない、花は摘んではいけない、作物は収穫してはいけない、ミルクは飲んではいけない、ということを言い続けなければなりません。少量の放射線による内部被曝が腎臓や骨髄に蓄積されて、将来それがどういう影響を及ぼしてくるか、非常に難しい問題です。」
(岩森院長)「ヒロシマでも、誘導放射能の内部照射はずっと続いたのです。まったく元気であっても、私も私の家族も、軽度骨髄抑制、白血球減少、血しょう板減少はずっと続いています。」
(アンチプキン医師)「先ほど先生がいわれた栄養状態、個人のステイタスの問題、いろんな問題を含めて考えていきたいと思います。」

　ここで食事をごちそうして頂いたのだが、その用意の時も、アンチプキン先生は訴えられた。
　「汚染地帯に住んでいる人たちの循環器障害も問題になっています。とくに、子供たちの間で見られる低血圧。昔は見られなかった子供の心筋梗塞もあります。成人の間でも、以前には見られなかったような状況が起きています。出血で亡くなったりとか。心臓の専門家は、汚染地帯のそうした新しい変化、血管障害などについて、非常に注目し心配しています。血管あるいは神経のいろんな機能の低下からこうした症状が現れているのではないか、放射能が血管に障害を引き起こすのではないか。
　非汚染地域の同じ病気の子供たちと比べると、汚染地帯の人たちに起こった場合は、非常に進行が速く、出血傾向が見られます。そ

して、汚染地帯の人たちの場合、血管系の何かの病理的な変化を伴った症状が現れます。これも少量被曝の影響ではないか、と専門家は心配しています。」

　食事をごちそうになりながら、岩森先生の体験をまたお聞かせ頂いたが、先生は「広島は70年間草木も生えぬ」という噂が口づてに伝わってきて、10日後に疎開されたそうだ。その話の流れの中で、チェルノブイリは人が住めるところになるのか、という話になった。通訳の山田さんが、事故を起こした原子炉周辺では今でも広島の450〜500倍の放射能が出ているといわれ、アンチプキン先生は、
　「ストロンチウムの半減期が90年、セシウムが30年、そうしたものが広範囲に飛び散っているので……」
　と言われた。
　岩森院長は、
　「広島以上に長い時間で悪性腫瘍が出てきますね。……考え方によると、これは大きなプロジェクトですね。」
　と受けられた。

　そして昼食をごちそうになり席を立つ前、アンチプキン医師は、
　「ヒロシマにきて、各医療機関で働く専門医の方の非常な水準の高さに感心しました。それと同時に、一般の人たちによる世論の盛り上がりも目の当たりにして心強いものを感じています。
　われわれのところの核エネルギーによる事故被害に対して、日本の方々は一番早く関心を示してくださり、非常に早く行動を起こしてくださいました。こうした運動を続けていき、二度と核被害を起こしてはならないという運動に結び付けられますことを期待しています。
　また私たち、ソビエトの人々も日本を手本として、二度と繰り返

してはならないという運動にまで高めていければと思います。」
　この言葉に、岩森院長は、
「ヒロシマの心を世界に、ということですね。」
と応じられた。
　最後に、アンチプキン医師が、
「ヒロシマの体験は、こういう事故が起きるたびにいつも思い出されるもので、思い出すということは一つの歴史になるということです。その歴史を単に書物にして残すということでなく、こういう運動として世界に広め、私たちの体験を大切にしていかなければならないと思います。」
　その後、病院内のさまざまな施設を案内して頂き、安佐市民病院の皆様にはすっかりお世話になってしまいました。

　私たちはこの後、一路、原田東岷先生のお宅へ向かった。
　(以下、次号につづく)

(この報告を現時点で読んで思うことは、アンチプキン医師は本当に大きな期待を持ってヒロシマにきていたのだなァ、ということである。特に小児の甲状腺障害についての心配には深く胸を打つものがある。幸い、佐藤先生のおかげで武市宣雄先生と巡り合えて、アンチプキン医師の要請にとりあえずは応えることができた、ということになるのだろうか？　——甲斐記)

一人ひとりの心を届けたい。
急いで、そして、ゆっくり。

甲斐　等

　NHK国際局の小林りかさんから、次のような手紙をいただいた。小林さんは、以前、救援中部やジュノーの会などの動きを外国向けにレポートしてくださった方で、彼女の仲立ちで私たちは救援中部の方々と親しく連絡させていただくようになったのである。

　　いつも「ジュノーさんのように」を送ってくださって、どうもありがとうございます。先日、ウクライナほか外国のジャーナリストたちとチェルノブイリの子供たちについて話す機会がありました。
　　感じたことは二つあります。一つは、チェルノブイリの現状が深刻であること。毎度、毎度、再確認させられる事実ではあっても、その国の人の言葉には、やはり重みがあります。
　　もう一つは、広島の救援の持つ意味の大きさです。他のどの都市にも、どの国にもできないことが、広島の人にはできます。その圧倒的な説得力を礎にして、ジュノー基金、これからも走ってください。

この手紙に私はたいへん励まされた。
　少人数でいたらない私たちであるが、まったくないというのと、どんなに小さくても一つはあるというのは、やはり決定的に違う。今まで培ってきたものを基礎に、少し急いでみたい、と改めて思う。
　急ぐことと地道に進むことは、しばしば両立し難く、常に揺れ動いているジュノーの会ではあるが、考えてみれば、常にためらい、悩み、揺れ動きながらも、そうした逡巡を会の特色として認め合う

中で、ここまでたどりついたのである。たどりついてみればけっこうずいぶんと急ぎ足でもあったのである。

　杉原芳夫先生からも、「ニュース」「ジュノーさんのように」の読後の感想のハガキをいただいた。健康全体を大きく考えていく中で、私たちが杉原先生から学ばせていただくものは、巨大である。

「不正確な知識の下に早期発見、早期切除を行うと癌でないものを切りまくる恐れがあります。甲状腺炎はしばしば癌と間違えられるほど診断がむずかしいのです。」
「癌には外科的治療しかないという考え方を改めなければならないのです。」

　森の中を歩いているときに、森全体を見ながら進むというのは至難の業であるにちがいない。私たちは優れた先達、精巧な磁石と望遠鏡の力を借りて、北極星を見失わずに進みたいものだ。
　他にも、広島市在住の方から次のようなご教示をいただいた。

「放射能被爆のことについてですが、広島・長崎に原爆が落とされた時、玄米食をして助かった人々がおられます。医学的な治療とともに、食事療法による治療もありますので、その方面も考えてみられるといいのではないでしょうか。」

　私事ながら、私は一応この12年来の菜食主義者である。別に自分の健康のために菜食生活に入ったわけではないので、玄米食についてはいささか不真面目に打ち過ぎてきた。原爆と玄米食についても10年余の以前に耳にしていながら、そのために熱心になるということもなかった。だから、真面目に玄米生活に打ち込むと宣言する自

信はないのだが、私自身の身体的要求からも、そろそろ玄米菜食のライフスタイルに入りたいなという気がしている。みなさん、教えてください。

　仙台市の山田州さんから電話をいただいてから、もう2カ月近くになる。山田さんは医療機器店を経営されていて、仙台市の姉妹都市ミンスクに使い捨て注射器・注射針を送るなど、独自の活動を続けておられる方だ。
　「すぐ会えませんか」と言われたその時の電話の要点は、やはりジュノーの会の長期的な計画を知りたい、というものだった。まことにもっともな話で、甲状腺の検診システムを導入した後のそのシステムの維持体制とか、他の疾患に対する援助体制とか、長期的には不分明なことが多すぎると感じられても仕方のない面がある。甲状腺は急ぐんです、としか今の私たちには言えていないからである。
　急げ、しかし確かな足取りで、と助言してくださっているように感じた。

　紙数が尽きてしまったが、是非とも中学生のみなさんの気持ちを紹介させていただきたい。
　セルゲイ君の住む町のチェルニゴフ第二病院で、セルゲイ君の知り合いもいるかもしれない患者さんたちに対して、武市先生の検診が行われたこと。このこと自体、セルゲイ君、オーリャさん、エレーナちゃんを迎えてくれた府中市を中心とする中学生、小学生、大人たちの心が実現させたものと言うべきである。
　セルゲイ君は、中学生の集まりで、「ぼくなんか軽いほうなんだ。僕の友だちの中にはもっとひどい人たちがいる。そのことを知ってほしい」と訴えたが、そのもっとひどいセルゲイ君の友人たちにも、ヒロシマの医学が現実に届けられようとしているのだ。

「ジュノーさんのように」ニュース10号

小さな、小さな願いの、ゆっくりとした集まりが、現実に確実な道を切り開きつつあるのかもしれない。
　いくつか紹介したいエピソードがあるのだが、ここでは、府中市立第4中学校の生徒のみなさんのことを紹介するスペースしかなくなってしまった。
　この夏、4中のみんなが、時間と手間をかけて作ってくれたパッチワークは、キエフの中学生の心に、ヒロシマの印象とともにしっかりと届けられているが、その4中の生徒会から先日またジュノー基金にお金が送られてきた。見ると4000円余りである。
　お礼を言いたいし、どういう気持ちで送ってくれたのか聞いてみたいね、と話していたら、ある人が次のように教えてくれた。
「あの4中の4000円ネ、みんなでリサイクルを考えて、空き缶を拾い集めたりして、身体を動かして手にしたお金なんだって……。金額は少ないかもしれないけど、心のこもったお金なんだって……。自分たちでできることでチェルノブイリの友だちたちを助けたいって、生徒のみんなが丁寧に取り組んでくれたんだって。」
　——ウーンとなってしまいました。人間として生まれてきてよかったと感じますね。

「ジュノーさんのように」第11号　1992.1.11

ジュノーの会派遣・第２回チェルノブイリ訪問団
今月18日に出発します。ご支援をお願いします！

　かねてから準備してまいりましたジュノーの会派遣・第２回チェルノブイリ訪問団の日程が決まりました。１/18成田発、２/２成田着です。ソ連邦消滅・自由価格制導入の中で思わぬ苦戦を強いられることもあろうかと思います。ご支援のほどよろしくお願い致します。

　メンバーは、以下のとおりです。
○武市宣雄・広島大学講師（広島大学医学部第二外科・甲状腺専門医）
○上田一博・広島大学教授（広島大学医学部小児科・小児血液腫瘍学専門医）
○今村忠司氏（広島市のフリーライター。ミニコミ誌『わからん』11年発行経験あり）
○西井　淳・読売新聞福山支局記者
○柳田秀樹・ジュノーの会事務局員

　なお、同行通訳は今回も山田英雄氏。また、救援中部を通じて紹介を受けたモスクワ大生マクシムさん、パーベルさん（二人とも日本留学経験あり。マクシムさんはキエフ出身）が現地で同行してくださることになっていますし、ターニャさんを通じてキエフ在住の方の応援もお願いしています。経費的には困難を強いられますが、今回の訪問で、医療＆市民交流の礎を確かなものにしてきたいのです。

▶１月19日（日）　キエフ入り。▶20日（月）　午後、アンチプキン医師らとともにチェルニゴフ第二病院へ移動。▶21日（火）～24日（金）

武市、上田両先生によるチェルニゴフ第二病院での診療。前回の検査結果の伝達とともに、甲状腺腫瘍早期診断システムの紹介を行う。今村、西井両氏と柳田は昨夏来広したセルゲイ君や彼の友だち、学校の訪問を軸に、人々の生活・感情の理解に努める。▶25日（土）午前、キエフへ移動。オーリャちゃんやエレーナちゃんや友だち、ターニャさんの実家などを訪問。▶26日（日）午後、ジトーミルへ。新聞社ジトーミルスキー・ビースニック社の手配で各医療機関などを訪問。昨夏来広した編集長ネチポレンコ氏、ライサ女医にヒロシマの印象と汚染地帯からの要望を聞く。▶29日（水）午前、キエフへ移動。内分泌代謝研究所など各医療機関および教育・児童施設を訪問。▶31日（金）モスクワへ移動。▶2／1（土）モスクワ発、2日（日）成田着11：40。

ジュノーの会・第2回チェルノブイリ訪問団のメンバーとして

事故からもうじき6年・過去形にできないチェルノブイリ被災者たちの心と体の痛みを感じてきたい

——ひとりの父親として、ひとりの人間として——

いまむら　ただし

　ひろしまをベースに、この街にこだわって活動を始めて20年近くになります。現在の主な仕事は、広島エフエム放送　モーニングワイド〔JOGUでごきげん〕（月〜金 AM 8：30〜10：00）の「朝からディギング——そこが気になる」コーナーの取材・構成と番組全体のブレーン（4年）、中国新聞（朝刊）木曜日の家庭面「ことばのパレット」欄の連載（1年半）です。兵器工場、自動車工場の

現場作業員など、さまざまな職業をへてフリーライター（取材者）になりました。文章はへたくそですが、ジャーナリストとしての誇りと情熱はたえず高く持っています。

　12月のはじめに、広島テレビの三谷ディレクターを通じて「ジュノーの会が来年1月中旬に派遣を予定している第2回チェルノブイリ訪問団に、ヒロシマのジャーナリストとして加わる気持ちはありませんか？」と打診を受けました。

　正直なところ、迷いました。派遣の間の収入ダウンは経済的にまったく余裕のないわが家の生活を危うくすることと、派遣の前に連載などのレギュラー原稿を書きだめする自信がなかったことがためらいの大きな理由でした。もうひとつ、躊躇したわけがあります。訪問団の派遣費用が多くの人々の募金であることです。善意のお金を生かすなら、もっと名の通った書き手が行ったほうが賢明で、私よりもほかに適任者がいるのではと思えたからです。

　妻や友人たち、迷惑をかけるであろう放送局や新聞社の担当者に相談しました。すると、すべての人が「いいチャンス、大変でもぜひ行ってみたら。応援するから」という心強い意見でした。さらに、迷いの中で私にもいくつかのひらめきがあり、行くことを決めました。行かせてほしいと返事をした数日後、「ソビエト連邦　消滅」の歴史的なニュースが世界を駆けめぐり、ジャーナリストのはしくれとして、今回の訪問がまたとない絶好の機会となったことを喜んでいます。

　しかし一方で、自分はチェルノブイリ被災者の心身の痛みと真情をどれだけ察し、感じとることができるだろうかという不安と、厳凍の季節が彼らの重い口をいっそう重くし、心の通った取材が困難なのではという心配もあります。こればかりは行ってみなくては分かりません。

　率直に、「あいつを派遣してよかった」と言われるような取材と

出会いが果たせたらと思っています。少なくとも、今後の私の仕事や活動にはしっかりと生かすつもりです。

(今村さんにお会いしたとき、何気ない会話の流れと肩肘張らない口調の中に、「貧乏でいることが大切。それと、無名ということ」という言葉を聞きました。体験を通して感じてこられたことだそうです。このような人がチェルノブイリへ……よかった。──甲斐記)

ジュノーの会・第2回チェルノブイリ訪問団のメンバーとして

西井　淳

(読売新聞・福山支局)

はじめまして。私は入社5年目になる新聞記者です。2年前、府中通信部(一般の会社でいうと出張所みたいなものです)勤務になり、普段は府中市やその近隣町村を回って、事件・事故から町の話題、行政原稿までさまざまな記事を書いています。

ジュノーの会を知ったのは赴任してすぐのことで、以後、その精力的な活動をたびたび取材させてもらいました。

放射能障害や原発事故に関する知識はあまりないのですが、今回は会のみなさんの好意で、派遣団に同行させてもらうことになりました。

私が現地を訪れてみたいと思う理由はいくつかあります。一つには昨夏、府中を訪れたセルゲイ君らが住むチェルニゴフとはいったいどんなところなのか、そこに住む人たちの暮らしぶりなどをこの目で確かめたい、ということがあげられます。おそらくチェルノブイリの事故さえなければ、一生耳にすることのなかったと思われる

小さな村。第1回派遣団の報告会で、医療体制の貧弱さなどについて聞いて、人々が事故の残した傷跡とどんなふうに対峙しているか、もっと詳しく知りたくなりました。

　また、セルゲイ君らが今どうしているか、というのも取材したいことの一つです。狭い飛行機のシートに何時間も我慢して広島を訪れた彼ら。見知らぬ国で見知らぬ人たちに囲まれながら治療を受け、自らの被ばく体験を中学生に訴え、笑顔でロシア民謡やコサックダンスを披露した彼ら。中学生とは思えないしっかりした考えを持っていて、驚かされました。日本での2週間が彼らにどんな影響を与えたか、その後の体調は、会って聞きたいことがいろいろあります。

　ロシア語はチンプンカンプンなので、どこまで突っ込んだ取材ができるかわかりません。しかし、通訳の人の助けを借りて精いっぱいコミュニケーションをはかりたいと思っています。できるだけたくさんのものを見て、正確に記事にして、よりたくさんの人に現状を知ってもらう、それが私にできる唯一のことです。

ウクライナ被災児童調査に当たって

上田　一博
（広島大学医学部小児科教授・小児血液腫瘍学専門医）

　わたしは国際赤十字社・朝日新聞厚生文化事業団によるチェルノブイリ被災小児救援事業の一環として、平成3年1月にモスクワ、キエフ、ミンスクの小児医療施設を視察し、被災小児の状況、医療の現状を垣間見るチャンスがありました。それはわたしにとって初めてのソ連視察旅行で、視察施設は主に小児医療施設ですが、スケジュールは過密で、現地の赤十字あるいは共和国の保健省まかせでしたので、現地の実情に十分触れることができたのかどうか不明で、

十分に科学的なデータは得られないままの視察でした。

この視察中に、各病院・研究所で話を聞いた限りでは、事故後5年足らずの段階では、「著明な後障害は見られていない」、「白血病、甲状腺癌などの多発傾向はまだ見られない」、すなわち「事故の後障害はあまりないのではないか」という楽観的な印象でした。

むしろ、視察を通じて強く印象に残ったことは、ソ連の経済的貧困とそれに付随する医療資財の貧しさでした。抗癌剤、抗生物質、輸液、輸液セット、その他のあらゆる医療資財の不足が目立ち、したがって十分な医療レベルが保たれていないということでした。

モスクワの小児医療センター血液科に入院している白血病の少女も、抗癌剤によるひどい口内炎や消化管障害をおこしてまったく経口摂取ができない状態が4日続いているのに輸液をしていませんでした。日本では考えられないことです。ソ連ではどの病院でも輸液ボトルは200ccくらいの大きさで、5％のブドウ糖液と生理食塩水の2種類しかないようでした。

モスクワのトップレベルの小児医療センターでも抗癌剤の不足はかなり深刻なようで、ほとんどの小児癌の子供がなんら化学療法をうけていないかのように、ふさふさとした自然な頭髪を持っていました。十分な化学療法を受けている日本の小児癌患児の多くは禿げています。

甲状腺癌の増加も明らかでない、という説明を何回か聞きましたが、キエフの内分泌代謝研究所では甲状腺癌の少女がいました。この少女は9歳で甲状腺内に腫瘍があると同時に右頸部リンパ節転移と肺にも転移がありました。父親はチェルノブイリ原子力発電所に勤めていたそうです。この、研究所の病理部を訪問したとき、病理学のZurunagy教授は、「最近小児の甲状腺癌がふえている。以前は小児に甲状腺癌をみることはほとんどなかった」と語っていました。本当に頻度が上がっているのか、あるいは注意深い診察で診断

率が上がっただけなのか、と思って半信半疑で聞きましたが、心に残ったものです。

その後、本年4月、7月と11月、キエフ、ミンスク、モスクワより被災小児および小児科医数名ずつを広島に招待し、広島赤十字原爆病院で被災児の検診を行い、放医協の各施設で小児科医の短期見学研修を行いました。4月来広のキエフの小児6人は甲状腺の被曝量の多い者を選びました。

6人の検診結果ですが、一般検診でも甲状腺関連の総合的な血液検査でも何ら異常がなく、2人の少年にのみほとんど正常とも言えるほどの軽度の甲状腺腫が見られましたが結節はありませんでした。5年経った現在は^{137}Csによる内部被曝量は急性期の高い甲状腺被曝量にもかかわらず極めて低く、キエフに移住している4人は正常ソ連人の1.5倍くらいで、甲状腺被曝量は少ないものの汚染している可能性のある農村に住み汚染食物を摂取している可能性のある姉妹のみ16〜23倍とやや高い値を示しました。

すなわち、かなり高度の被曝をうけた子供6人の小さな抜き取りサンプルでは特に明らかな異常を認めず、このような小規模の検診では何ら科学的結論を出すことができないという印象を持ちました。

むしろ、来日医師団との人的接触の意義は大きく、今後の国際協力の基礎となると思われました。

赤十字・朝日新聞社のプロジェクトの第2陣として7月に来日したミンスク医師団のアレクサンダー・アリンチン団長から聞いた話では「1990年から1991年のこの1年半の間の小児甲状腺癌の著明な多発傾向」がみられると言うことでした。すなわち、白ロシア外科センターで1973〜1985年の13年間に15人の小児甲状腺癌が手術され、最も若い症例は9歳でした。しかし、1986〜1990年の5年間に31例が発生し（1986年までの6倍の発生率）、そのなかには胎内被曝に関係すると考えられる4歳の子供が2症例あったそうです。小児甲

状腺癌の発生はここ1〜2年に多く、1991年度は6月までにすでに10例が見つかっているという話でした。

　以上のような断片的な情報から得られた私の印象は、原発事故の影響は5年を経過した現在、甲状腺癌などが現実に増加し始めているのではないかと言うものです。白血病に関しても増加の兆しが見られるようですが、過去の発生数や患者把握率が不明ですので、真に増加してきつつあるのかどうかは今後の注意深い観察調査が重要と思われます。

　その点で、1〜2の地域や病院に長く滞在し十分な観察や資料収集をしたいと考えていた矢先ですので、今回ジュノーの会のお世話でウクライナに派遣して頂けることになり、喜んで出かけたいと思います。キエフには顔見知りの小児の内分泌科医や血液学医がたくさんいますので、甲状腺疾患や白血病の実態を調査し、できれば今後の動向を追跡する基礎を固めてきたいと思います。

8月2日、アンチプキン医師とともに、ヒロシマの医師を訪問して（PART 2）

後藤　純子

　前回の安佐市民病院での会見談に続き、今回は原田東岷先生のお宅にお邪魔して原田先生から伺ったお話をお伝えさせて頂きたいと思います。

　一生懸命に聞いたつもりですが、もし間違っていたことを書いておりましたらどうかお許しください。

　原田東岷先生のお宅は閑静な住宅街の一角にある。

　午前中からのスケジュールの遅れで、お宅に到着した時には先生

と三谷さんが待っていてくださっているという状況でした。本当に申しわけございませんでした。

通された応接間から庭一面のバラが目に入る。たぶん奥様が水を撒いてらっしゃるのだろう。涼しげなしぶきが舞っている。

「どういったことをお話しすればよいでしょうか。質問に答えましょうか、それとも初めの頃のことを……」と原田先生が切り出されたのに対し、「こちらの方（アンチプキン医師）は先生のことをよくご存知ないので、被爆後の救援とか被爆者に対して行われたこと、そういうお話からお願いします」と山田さんが申し出られて、それに応えられる形で原田先生のお話は始まった。

さきほど奥様が運んでくださったお茶やお菓子を勧めてくださる手は、さすがにいくつもの手術をこなしてこられた外科医らしくしなやかだ。

「原爆が落ちた時は、私は台湾に軍医として居りました。そして7カ月後、1946年3月に帰ってきました。私の病院は原爆が炸裂した真下にあったので、まったく跡形もなく飛び散ったのです。幸いに私の家族は3カ月前に、命令で田舎に疎開していました。ですが、私のその当時の家内と家内の家族6人は0.9kmのところで被爆し、みんな死にました。

家内の父は当時医師会の副会長でした。被爆した時には体が猛烈にだるいということの他には何の怪我もなかったですから、あくる日から救護所で治療を始めたのです。そして、13日目に患者を治療しながら死にました。

当時の広島にいた医師の研究をしたら、あるいは原爆の実相の一部が理解できるのではないでしょうか。当時医師は約280名いました。その他に100名ばかりの軍医がいました。その数は今でもわかりません。その医師たちは開業医も勤務医も、疎開することを禁じられていました。だから、その8割が被爆しました。そして60％が

死にました。

　このことは非常に重要なことだと思いますね。薬だけあっても治療する医者がいないということです。だから一つの町が被爆すると、その時には医療の空白地帯ができ、空白の時代が続くということです。ヒロシマの場合はそういう時代が約2年続きました。あとから医師が入ってきても、そこに誰も住んでなかったという面もあります。

　将来の戦争で核が使われた場合何が起こるかは、数字だけでは何も分からないのです。私は1年3カ月ぶりに、爆心地から900m離れたところに小さな病院を建て治療を始めましたが、初めはほとんど患者はいませんでした。市民がいないのですから。

　原爆の医学について話しますと、急性期には混乱があり、医師みんなが自分のできることをてんでんばらばらにやっており、医療行政といったものもありませんでした。

　初めの5年間、ヒロシマ原爆の場合は主なことはヤケドでした。だいたい2kmまでの人は直接の輻射熱で体の表面に大きなヤケドを負いました。もちろん、放射能があるということは知られてました。2km以内の人は放射能でもどんどん死んだんです。だいたい2km地点での死亡率は初めの1カ月では約20％ぐらいです。

　ヤケドで焼け死んだ人はもっと多いようです。ヤケドのことはチェルノブイリとはあまり関係がないかもしれませんが、要するに初めの5年間の死亡者というのはヤケドの人がだいたい50％、放射能を濃密に受けた人たちが50％と思われていいでしょう。

　その他、火事から逃れようとして川に飛び込んで溺れて死んだ人が何千人といます。」

　ここまで話された時、最初から熱心にノートを取り続けるアンチプキン氏に、

　「統計というのはまったくでたらめですよ。統計にはあまり信用

を置かないほうがいいんじゃないですか。もちろんある程度のことは必要ですけれども、私、一つのエピソードを話しましょう。ノートをしないで聞いてください。」

と1969年ボルゴグラードを訪問されたとき、テレビ局で語られたというお話をされた。妻の家族6人が即死に近い形で死んだこと、そのうちの2人はその場で焼け死んだということ、それから、

「私の直接の姉がひとり死んだということを話しました。その姉は美人だったんです。ちょうどその日に用事があって爆心地の近くにきたとき被爆した。

彼女は一瞬の内に30mほど吹き飛ばされて、帯が一つ残っている状態で後はみな吹き飛ばされた。家が燃えているので必死になって立ち上がって、郊外にあった自分の家の方向に向かって歩きだしたんです。ところがアスファルトが溶けていて、裸足の足に煮え着いた。両側からの輻射熱で、たまらず700〜800mほど行ったところで倒れて、そのまま意識不明になりました。そこで数時間経ったとき、私の村からひとりの男が自転車に乗って何が起こったか見にやってきた。その人は姉の小学校の同級生でした。非常に運のいいことに、そのとき姉は目を開け同級生の助けを呼んだんです。しかし、彼女の顔は真っ黒だし、皮膚の皮は剥げているし、着物は何もなかった。だから、それが誰であるかその同級生は知ることができなかった。

姉は『あなたの小学校の同級生の原田カズコです』と言うと、その人はびっくりして抱き上げて自転車に乗せて4、5時間かけて連れてきてくれたんです。庭に降ろすと姉は倒れて起き上がる力もなかったんです。母が、『どなたですか、まあかわいそうに、どしたんですか』と聞いたんです。『ママ、私はあなたの娘のカズコです、助けてください』。

姉の子供が5人そこにいました。一番小さいのが3歳で、みんな

でお母さんの体を抱いて座敷に上げました。医者でした父が必死になって治療しました。私がいないために病院は疎開していましたので、いくらかの衛生材料、注射液とかがあったのです。

　姉はヤケドしているものですから、点滴をしようとしてもどこに刺していいか分からない。『お父さんだめだ。弟がいれば私を助けてくれるのに』と、姉は父をののしったそうです。それでも姉が1週間生き延びたのは、疑いもなく父のおかげだと思います。

　そして死ぬ前に、『私はもうきれいになれない』と。非常に美人だったんですよ。

　すると、そのテレビ局の人は途中から泣き出し、こう言いました。『こういうことが必要なんです。20万人死んだということはソ連で2000万人死んだことに比べればたいした問題ではないということになります。数字なんて無用なものです』。是非その話をテレビでということで、私はそのテレビ局のスタジオに招じ入れられ、この話を録画しました。」

　こう切々と話される原田先生。お姉様への無念の思いが強く心を打つ。

　「広島の原爆とチェルノブイリとは非常に違うと思います。チェルノブイリでは焼け死んだ人がほとんどいないだろうと思います。ですが、今ある5メガトンとか10メガトンの爆弾が爆発したときには、その爆心地にいる人は、いた痕跡もなく溶けてしまうだろう。あのヒロシマの小さな原爆ですら、爆心地の温度は4000度、鉄を溶かす温度の5倍も6倍もの温度になったのですから。」

　ここで、これからチェルノブイリの参考になる話をしたいと思う、と一息入れられて「広島の5年経った頃のことから始めましょう」と、次の話が始まった。

　「チェルノブイリと違いヒロシマの場合、1945年から5年間占領下にあったので」と、まず広島の原爆医療の歩みを順を追って話し

てくださった。──

　占領軍は原爆の悲惨さを知られたくなかったため、原爆に対する調査・研究・発表を一切禁止した。だが、その５年間、医学者は黙っていなかった。解剖、各種の血液検査と一生懸命研究をしたが、その結果はすべて占領軍が持ち去ってしまった。

　民間の開業医として最初に開業されたのは原田先生だとのことだが、それ以来約５年間で300人くらいにまで医者は増えていた。医師たちは屈しなかった。負けるものかと、いろいろ試みた。原田先生たちのグループは、10人ばかりの勉強好きの医師たちで「土曜会」を作り、研究を発表する機会も設けたとのことである。（８月３日にアンチプキン先生に会ってくださった中山先生も「土曜会」のメンバーであることは、「ジュノーさんのように」第８号の前原さんの報告にある。）

　「……そのころ、どうもおかしいという感じがわれわれの頭の中にはあった。初めはヤケドのこと、放射能で死んだ人のことで頭がいっぱいだったのだが、３年、４年目くらいからおかしいことが起こりだした。

　３年半経ったクリスマスの前の晩、初めてひとりの男の子に出会った。その子は５歳だというのにまるで小さな小人の化け物のようでした。頭には、頭より大きいくらいの傷があり、それから血と膿が流れていた。目はずっと奥のほうにあり、頬は中へくぼみ、肋骨が１本１本見え、おなかだけが大きくなっていた。足は指より少し大きいくらい。そして、顔の色はまるで透き通るような青さ。ほんとに人間とは思えなかった。

　夜だった。血を調べようと思い耳を切開したが、何も出なかった。もう一度切っても何も出ない。だが、少し経ってそこから水が出てきた。それはちょっと黄色の水だったが、それをスライドグラスに取って乾かし、染めた。顕微鏡で見たがほとんど何も見えない。何

か赤血球の壊れたようなものがあったが、まともな赤血球は一つもなかった。

だが、しばらく見ているうちに突然、巨大な細胞が二つほど見えた。それは普通の白血球の10倍くらいの大きさのものだった。

私は、恥ずかしいことながら、診断ができなかった。信じられないくらいの貧血があり、信じられないような白血球がある。

とりあえずの治療をして子供を帰したけれど、『あれは何だろうか』とその晩一晩考えた。そして朝、それは白血病に違いないと思い始めた。

その頃ちょうどアメリカのABCCという研究所が、1948年、宇品にできていた。そこに朝一番にそのスライドを持って行った。すると病理学者が出てきて、『すぐ私をそこに連れてってください』と言ったので、一緒にジープに乗って行った。その病理学者は車の中で『これを私は待っていたんです。このために私は派遣されてきたのです』と言った。

そこには1坪の家があった。畳を一つ敷いて、あと半分は土間、窓は押し上げるようになっていて、屋根はトタン板。そこに子供は寝ていました。

彼の父親が話してくれたところによると、その子が1歳半のとき、母親が約500mのところを乳母車に乗せて歩道を歩いていた。母親は全身ヤケドをしたけれども、乳母車に乗った子は母親の陰になって、すぐ見えるようなヤケドはなかった。母は半日後に河原で死んだが、その子は生き残った。田舎から出てきたおじいさんがその子を見つけて連れて帰った。1週間後に父が兵隊から帰り、子供と一緒になっていろいろと治療をしたけれども、その子はついに一度も健康にはならなかった。その子はついに歩くこともできなかった。1年経ったときに頭に大きなこぶができた。それから、階段から落ちて、そのときに破れてたくさんの血の固まりができた。それがま

た膿に変わった。田舎の医者に診せたけれど、みんな何か分からないと言って、私の所にきたのがちょうど3年と3カ月経った時だった。

　そのときは、初めに言ったような化け物のような姿で、40度の高熱があった。

　病理学者と私はまたさらに、血液というか黄色の液体を取って、いろいろ注射もしたけれど、2日後に死にました。

　それが私の診た最初の白血病患者です。

　それから3年間に私は7人の白血病患者を見つけました。だがその7人とも、発病後1カ月または1カ月半くらいで死んで行った。もちろん私がずっと治療したのではなく、病院に連れて行って一緒に治療したのだけれど、その当時は効果のある薬はなかった。

　私は白血病の専門家ではないのですが、普通なら10万人に2人か3人の発生率だけれども、ある時期、5年経った時には約400倍の率で、ある地域、500m〜1000mの間で被爆して生き延びることのできた人の間に出る。ある時期においてはそういう時期もありました。

　しかも、このことは発表されていません。

　これはアメリカの血液学者と私とが特別な統計を取ってみたわけです。

　詳しく言うとまだありますが、爆心地から500mの間では、だいたい1人も生きなかった。500m〜1000mの間に3万人くらいの人が生き残った。その人たちもまもなく死ぬんですが、このわずかに生き残った人の間に白血病が出たということです。

　その他、言えば何時間もかかるのですが、簡単に申しますと、5年目から6年目にかけて白血病がピークに達した。ご存知のように白血病というのは、血液をつくる組織、骨髄それから脾臓とか肝臓とか。その造血臓器、そこの細胞の細胞分裂、細胞の再生の機能が

体全部の組織のうちで一番早い、サイクルが一番早いのです。骨髄を中心とする白血病は同位元素ストロンチウムと中性子によるものだと思われます。

　それと同時に、リンパ腺の悪性腫瘍が血液に続いて起こってきた。それから、時期的にはキャタラクター（白内障）。それとネオプラズム（腫瘍）ではないけど、造血臓器が機能をストップし、血ができなくなるための悪性の貧血。5年前後で一般の臨床医が一番困ったのは、患者のほとんど全部の人が貧血だったことです。そして、特別に白血球の減少、数が3000〜4000しかなかった。

　外科医の私が一番強く感じたのは、盲腸炎。普通白血球が増えるはずなのが全然増えないので、診断するときにしばしば困った。

　もう一つ、初め非常に分かりにくかったのが、被爆者がみんな体がだるいということ、そして何かをしようという意欲が起こらないということ、何か始めても続かない。そういう人が一様に多かった。それは間脳の障害だろうという説もあったが、今でも分からない何かがある。

　ポエティックに言うと、生命には躍動する生命とそうでない生命とがある。躍動する生命によって芸術は生まれ、スポーツが生まれ、いろんなことが生まれるのだと思う。その躍動する生命力というものがどこにも見られなかった。

　それは計測できるものではない。数で示すことができない何かだ。

　もう一つ、これはチェルノブイリではないと思うのだが、ヤケドの跡にケロイドというのが出た。5年くらい経ったとき一番著明で10年くらい経ったときその傾向はなくなり、手術ができるようになった。

　ケロイドができている間の苦しみ、夜も寝られない、ピリピリする痛みとかゆみ。なぜケロイドができるかはまだ定説はないが、私見では、免疫学の問題だろうと思う。ヤケドの表面から吸収された

物質がリンパ腺などに変化を起こさせて、それでヤケドが直るのに過剰な再生反応を起こすのではないか。」

1950年、占領軍は原爆について、「悲劇はあったが、それはすでに終わった」、今はみな元気になった、と発表。占領された政府には何もできなかった。民間の医者たちは、何かをし続けなければと頑張り、6年間の占領が終わると直ちに立ち上がって、政府に「原爆症というものがある」と陳情に行ったりもしたが、なかなか力にならなかった。

1953年、政府がやらないのならと、「原爆で傷ついた人で治療を受けたい人は治療にきてください」と医師会が宣言。無料で、医者としての義務として。それがマスコミを感動させ、各新聞社が続いて報道。無料の治療は2年間続く。

やがてNHKから300万円の寄付。8年経ったときに政府から100万円が調査費として出る。

医師会で財団法人「原対協」を作り、研究会を始める。長崎にもでき、この研究会は二十何年も続く。

「1952年くらいからプライベートな救援が始まり、政府が動くまで5年かかったのです。当初予算ゼロだった被爆者の治療費も、民間が走り出し、マスコミがついて走ってくれ、政府が初めて予算をつけるようになったのは1957年でした」。そして、現在では政府から3億円くらいの予算が出されるようになっている。

「私はチェルノブイリへは70歳を越えてましたので行けませんでしたが、韓国やアメリカの被爆者治療は私たちが先に立ってやりました」。「このように原爆医療は初めは何か分かりませんでした。それに外国の占領政策と絡まって、つまり、アメリカが残虐な兵器を使用したことを隠そうとしたため、被爆者は長い間忍従を強いられた。それに対して医者が闘ったという歴史があります」。

原田先生の熱のこもった話を聞き終えられてアンチプキン医師は、

同じ核被害に立ち向かっている医師として非常に有意義でした、と丁重な謝辞を述べられた後、次のようにおっしゃられた。

「今日先生からお聞きした話は、昨日見ました資料館、むこうで読みました本などを通じて得た知識ではまったく得られない新しいお話だったと思います。おそらく私だけでなく、ここにいる人もそのように感じたのではないでしょうか。

先生が例に出された、ヤケドをした女性の話、あるいは白血病になった男の子の話というのは、何万人あったうちの1例ではないでしょうか。

先ほど先生がおっしゃったように、ヒロシマとチェルノブイリの事故の概況には大きな違いがあります。ヒロシマの場合は一瞬にして、主に急性障害で何万人という人が亡くなった。チェルノブイリの場合は急性障害のような障害を受けた人は政府の発表では145人でそのうち死んだのは28人となっていて、非常に数は少ない。

しかし、放射能で被曝した人の数においては非常に多いものがあります。それが特に子供の健康に対して将来どのような影響を与えていくかということを、はっきり言える人はまだ誰もいません。

まさに先生と同じ研究者としての立場に立って、5年経った今、これから何が出てくるか、住民たちの健康状態に不安を持って、各部門の先生方と力を合わせて調査をしながら、これから出てくる問題に対処していかなければならない時期だと思います。

特に私たちの研究所で、ここ5年の間に新しい科として、事故当時妊娠されていた方、その方から生まれた子供、当時まだ小さい子供で被曝をした人、そういうグループを具体的に調査していこうという科ができて、これからに備える準備をしています。

現在、小児科医としての私が一番心配しているのは、去年の段階で20名もの甲状腺ガンが出たことです。悪性腫瘍だけでなく、一般の病気、たとえば消化器系の病気にしても呼吸器系の病気にしても、

発病率が上がっています。また、貧血の子供たち、精神的に障害を持っている人たちの上昇が現在見られます。そういう病気が事故による放射能と直接関係があるのかというのも大事なテーマです。

先生のお話しになられた終戦から5年間の非常な困難な時期が、まさにわれわれの今に当たりますし、手を尽くしてそういう困難さと闘っていきたいと思います。」

すると原田先生は甲状腺についても、即座にアドバイスされた。約10年経ったときに甲状腺ガンが多いのではないかということに気づいたこと。ABCCに毎日くる被爆者の患者さんの中で、甲状腺に孤立性の結節があった場合、約300人の患者さんの手術を行ったこと。ただ、大きく切ったらキズになるので1cmの切開で小さな固まりだけを取り、それを病理検査し、必要に応じて治療したこと。

「甲状腺を全部取ってしまう手術も数例やりました。全部取っても心配ないのです。他のどこかに甲状腺の飛び地があるんです。他のところに甲状腺があるんですね。3人か4人全部取りましたがひとりも死にませんでした。

胸にたくさん転移がある患者さんも甲状腺の粉末を飲むことで治すことができました。

私が治療した患者さんはひとりも死にませんでした。もちろん死んだ人も他にはあると思いますが。幸いなことに甲状腺ガンはだんだん減って、今はあまりありません。」

46年経った今、問題になるのは、胃の検査でも他の検査でもいくぶん腫瘍が多いということ。あと、寿命、過齢、病気にかかりやすいのではないかということ、そして、遺伝。

「チェルノブイリについても、あと何十年間か、誰かそれを研究し続ける情熱を持つ人がいなければいけない。ヒロシマはある程度の参考にはなるけれど、チェルノブイリはヒロシマ以外の新しい何かを見つける努力をされなければならないと思います。」

この言葉にアンチプキン医師はこう応えられた。

「今先生が言われたことはまったく私も同感です。チェルノブイリの事故は世界に他に類似のない事故だと思います。

先生が体験されたヒロシマの方々の急性期の症状というのは、われわれの場合事故の当初だけありました。原爆ぶらぶら病のような倦怠感を覚えて何もできないような症状は、被曝量の高かった原子炉内で働いていた人、もしくは高汚染地帯に住んでいる人たちに認められます。また、楽天的なところはまったくなくなって、みんな悲観的な精神状態です。

特に子供の中に、知能の活動性を要求される科目、たとえば数学とか物理とかのある限られた科目について、汚染地帯に住んでいる子供たちの能力は劣ると言われています。」

あと、原田先生は2、3のことを最後に申し上げたいと言って付け加えられた。一つは、大衆には科学者の発表が理解できず、ともすれば差別の道具になったりする場合があるので"発表"には注意してください、ということ。ヒロシマでも悲観して自殺した人が20人や30人ではなく、いた。ところが、逆に発表しなければ世論の関心も引かないし、政府も動かない、という難しさがある。また、治療していくうちに、いかに治療というものが難しいかということに気づく、ということ。そして、アメリカの良心的な人々の中で、生きる勇気を回復した原爆乙女の例を挙げられ、単なる治療だけではない精神的な面での治療の大切さを語ってくださった。

こうして長時間にわたる話は終わった。原田先生はその後もしばらく、ご自分の行ってこられた反核運動についてアンチプキン医師と親しく会話をされ、アンチプキン医師に（そして私たちにまで）ご自分の執筆された本を進呈してくださった。そして最後に、ジュノーの会の方に一言、と言葉を添えられた。

「ジュノーさんもヒロシマのためにやってくれたすばらしい人で

す。でも、この人は赤十字の人だから、ある意味ではそれを行う任務のあった人ですね。ところが、その任務にもない人で、一生をヒロシマに捧げた人がいます。たとえば、バーバラ・レイノルズとかノーマン・カズンズとかメアリー・マクミランとか、そういう人たちは自分の任務だと信じてヒロシマ市民のために命をかけたんです。ジュノーだけが偉いのではなく、そういう人たちもいたんだということを知ってください。

また、当時の広島の医師で、自分が明日死ぬと分かってながら最後まで注射したり治療したりした人もあります。自分の財産を投げうってまで、ヒロシマにはガンが多いのではないかということを調査・研究したお医者さんもいる。そういうふうに、いろんな人が幅広くいるんです。

何か自分のできることをする、しかもそれが持続するということが大事なんです。ジュノーさんは早く死んだこともあって持続できなかったけど、ヒロシマには持続し続けている人がいたんだ、そして現にいるんだということを知っておいてください。」

予定の時刻を過ぎてしまい、原田先生は外出する用事がおありのところ、ぎりぎりまで付き合ってくださったのだった。奥様ともども記念写真を撮ったりという、和気あいあいの雰囲気の中で見送ってくださった。

安佐市民病院の岩森院長先生はじめ諸先生方、ご案内いただいた病院のスタッフの方、そして原田先生、奥様、お忙しいところ貴重な時間をさいて頂きありがとうございました。

今振り返っても怖くなるような、大それた場にご一緒させて頂いていたんですね。本当にいい勉強をさせて頂きました。あらためて広島の被爆者医療の奥の深さを感じています。

そして、今後もジュノーの会の運動がこうして学ばせて頂きなが

ら進んで行くことの大切さを思います。なにとぞ今後ともご指導のほど、よろしくお願いいたします。

　終わりになりましたが、お礼と報告が遅くなってしまいましたことどうかお許しください。なお、前回の文章で、安佐市民病院の「白井先生」は「平位先生」の間違いでした。本当に失礼いたしましたことを深くお詫びして訂正させて頂きます。

1991年8月4日、府中市での対話集会にて

【資料紹介１】

　第１号の文中には、〈運動の訴え〉に触れているところがある。これは、1991年１月～４月頃、いろんな方々に賛同呼びかけ人になっていただくようお願いしながら配布した、以下の呼びかけ文のことである。ジュノーの会の対外的な訴えは、この呼びかけ文から始まったのだった。

〈ヒロシマの医師をチェルノブイリへ・チェルノブイリの子どもたちをヒロシマへ〉運動の訴え（案）

　ジュノーとは――ヒロシマの恩人、故マルセル・ジュノー博士（1904～1961）のことです。1945年９月、赤十字国際委員会極東代表ジュノー博士は、被爆直後の広島に15トンの医薬品をもたらし、おかげで、数万人にのぼる人々の命が救われたと言われています。一般に知られることの少なかったジュノー博士のこの行動は、当時ジュノーさんと行動を共にした松永勝医師（広島県福山市在住）によって感謝と敬愛の気持ちを込めて語り伝えられ、広島県東部に住む者にはよく知られていました。

　しかし、ジュノーという恩人の名を知っていた私たちも、ジュノーさんの本当の凄さを実感していたわけではありませんでした。――1986年４月26日のチェルノブイリ原発事故の報に接するまでは。大惨事の様相が伝わるにつれて、私たちは願いました。チェルノブイリのヒバクシャの方々をすぐさま救援してあげられないものだろうか、と。しかし、私たちにはできませんでした。私たちは、ジュノーさんに助けてもらったように、助けてあげることはできませんでした。

　このときの辛い気持ちから、広島県府中市近辺の市民の間で、ジュノーさんのことをもっとよく知りたいという気運が起こり、毎年９月第２日曜日を「ドクター・ジュノーの日」と定めました。次いで、「ジュノーの会（ドクター・ジュノーの日とノーモア・ヒバクシャのための勉強会）」が生まれました。そして、このちいさなグループは、89年10月から、世

界のヒバクシャを救援しすべての核被害をなくすことを願って「1日100円、ジュノー貯金」を始め、1年後の「ドクター・ジュノーの日」に小学生から80歳代のお年寄りまで、思いのこもった1日100円（50円、10円、5円）貯金を持ち寄り、「ジュノー基金」を正式にスタートさせました。90年9月9日のことです。

　今、チェルノブイリの子どもたちの身の上を思うと、心が痛くてたまらなくなります。

　事故後に飛散した"死の灰"が何百キロも離れた人々の生活圏の中に降下し放射線を放ち続けています。そこにいることだけですでに危険ですが、そうした危険な環境の中で子どもたちは、木の実をとってはいけない、川に入ってはいけない、砂遊びをしてはいけないなど数多くの"禁則事項"を設けられて暮らしています。

　いつ自分が死んでいくかわからないと思っている多くの子どもたちがいます。自分の友だちが死んでいくのを目前で見なければならない多くの子どもたちがいます。"健康な"子どもたちでさえ、"禁則過多"状況のなかで窒息しかかり、爆発寸前にまで追い込まれています。

　私たちは、チェルノブイリの子どもたちを日本へ、そしてヒロシマへ招きたいと考えました。ヒロシマを生き抜いた人々の志に寄り添うことによって、チェルノブイリの子どもたちの心を支えてみたいのです。重症の人を招くことは私たちにはできませんが、"健康な"子どもたちならホームステイも可能です。

　放射能に汚染されていない空気を吸い、日本の子どもたちと友だちになり、ヒロシマの医療機関で予防のための検診を受ける。できればヒロシマのお医者さんから「大丈夫。がんばるんだよ」と励ましてもらいたいのです。そうした交流の中で重症の人との出会いも生まれるかもしれません。

　まず専門家（ヒロシマの医師、医学・環境問題に強いジャーナリスト、ロシア語に堪能で医学・科学知識のある方）のチームをチェルノブイリ被災地に派遣することからスタートです。

私たちの計画を聞いてください。（１サイクルの費用は400万〜500万円くらいかかります。）

　１．1991年４月〜６月頃、ヒロシマの医師・ジャーナリストを現地に派遣し、診療・取材・交流に当たるかたわら子どもたちを迎えるための具体的な段取りを取り決めていただきます。

　２．その手筈に従って、最初は、小学生の子ども２人と付き添いの医師１人を、５月〜７月頃、２〜３週間の予定で日本に招待します。（親も同行するかもしれません。）

　３．子どもたちは広島県府中市周辺の家庭にホームステイし、府中市内の小学校に通います。滞在期間中、２泊３日ないし３泊４日の"ヒロシマ健康診断旅行"を行います。

　４．付き添いのソ連の医師の方には、滞日期間中ずっと広島で、とくに被爆者の心理を重視した研修を受けていただきたいと考えています。

第１回ジュノー基金派遣のジュノー医師・ジャーナリストとして、次の方々の快諾を得ました。

医師＝佐藤幸男・広島大学原爆放射能医学研究所教授、ジャーナリスト＝山内雅弥・中国新聞報道部記者、医療担当通訳・ソ連医師＝山田英雄氏（広島在住ロシア語通訳、ソ連医師免許取得者）、社会・環境・教育担当通訳＝松岡信夫・市民エネルギー研究所代表。

　帰国後、佐藤教授と山田氏からは主に医療（診療）部門の、山内氏と松岡氏からは主に社会（医療）・環境・教育部門の報告が行われる予定ですが、報告にあたっては、一新聞一雑誌に限定することなく、広く日本全国の人々に伝わるよう配慮していただき、各地域から報告・講演の依頼があれば、できる限りこれにも応えていただくようお願いしています。

　広島県府中市では、すでに小学校でチェルノブイリの子どもたちを受け入れる準備がすすめられており、子どもたちもその日を待っています。また、府中市教育委員会もこの動きを応援することを表明してくださっ

ています。

　一人ひとりが思いをつむぎ、その思いがゆるやかにつながって行き、やがて大きな流れとなって行くことを願って、ただ〈心〉があるばかりのちいさなグループが恐る恐る第一歩を踏み出そうとしています。未経験の素人集団ですが、諸先生方のご協力を得ながらすすんでみようと思っています。

　どうか、お力をお貸しください。そしてまた、どうか日本全国の各地域で、世界のヒバクシャのための歩みを試みてくださいますようお願いいたします。

　　　　　　　　　　　　　1991年　月　日
　　　　　　　　　　　　　ジュノーの会世話人一同（代表・甲斐等）

賛同呼びかけ人
　下江武介（府中市・広島県被団協理事）、内田千寿子（府中市原爆被害者の会）、山田康弘（府中市・元市職員）、永久直子（新市町・山代巴を読む会世話人代表）、林勤（新市町・元中学教師）、松永勝（福山市・医学博士）、村田民雄（福山市・市民運動交流センター）、中野義孝（三原シネクラブ）、小林みさを（甲奴町・農業）、長江平（能美町・町職員）、桐山順一（広島・印刷所自営）、三谷茂（広島・テレビ局ディレクター）、山内雅弥（広島・新聞記者）、吉野誠（広島・画家）、伊藤千賀子（広島・医学博士）、佐藤幸男（広島・大学教授）、豊永恵三郎（広島・渡日治療委員会）、松岡信夫（東京・市民エネルギー研究所）、山田英雄（広島・通訳）
受け入れ医療機関……広島大学原爆放射能医学研究所、広島原爆障害対策協議会・健康管理・増進センター。なお、広島県医師会・IPPNW広島県支部も応援してくださっています。

連絡先……甲斐等（726 広島県府中市高木町45-3　TEL.0847-45-0789　FAX.0847-45-0790）
ジュノー基金の振込先……郵便振替口座：広島7-29460・ジュノー基金

【資料紹介2】

いま、ヒロシマの死者たちが甦る

甲斐　等

　世界のヒバクシャの方々に向かって歩き始めようとしたとき、私はまず、『人類はみなヒバクシャ』という一文を書き（「山代巴を読む会ニュース」第31号）、その中で「人類はみなヒバクシャ。これはまぎれもない現実である」と記した。人類はみなヒバクシャ、それは、想像力に訴えかける一種の比喩、一種のスローガンなどではなく、事実そのものなのだ、と。

　あれから、もう4年4カ月が過ぎた。私は今再び「まぎれもない現実」について書こうとしている。比喩でもスローガンでもない。ましてや、願望などではさらさらない。事実として、いま、ヒロシマの死者たちが甦り始めたのである。

　思えば、この4年余り、私は、濃い霧の中をさまよっているような日々を送っている。だが、一寸先の視野もないまったくの濃霧かと言えば、そうではない。いつも、ずっと先のほうに、ぼんやりと灯りが見えていて、私はなんだか、その灯りを目指してただぼんやりと歩いている、というふうなのである。通り過ぎた後は、くっきりと霧が晴れているところをみると、私の歩み自体も、死者たちに導かれているのかもしれない。

　ヒロシマの死者たち――それは、戦後生まれの、被爆2世でもない私にとって、いわば書物の中の登場人物に過ぎないが、たとえば、次のような登場人物でもあった。

　　広島市白島にある焼けただれた逓信病院の庭の掘立小屋が、岡山医科大学学生救援隊の一員としてやってきた私の働き場所でした。そこでの仕事は広島医学専門学校の玉川忠太教授がやっていた病理解剖を手伝うことでした。

1945年9月20日、黒くすすけ、ガランとした逓信病院の病室で、折り重なるようにあふれていた被爆者の一人から8カ月の早産児が誕生しました。だがそのような児が生き長らえる条件は全くありません。解剖は夜の9時過ぎに終りましたが、翌朝、39歳になる衰弱しきったその母親もまた、解剖室へ運ばれてきました。戸口までついてきた夫は、眼にいっぱい涙を溜めながら、小学校3年ぐらいの男の子に「さあ、お母ちゃんにさようならをしなさい」と言って子供に合掌させ、自らも深く頭を垂れて手を合わすのでした。
　そのとき私は、この姿を一生忘れてはならない、と自らの心に強く言い聞かせました。目に見えぬ敵への、素朴な憎しみを押さえきれなかったのです。
(杉原芳夫「病理学者の怒り」より。山代巴編『この世界の片隅で』〈岩波新書〉に所収)
(杉原芳夫先生には、日本東洋医学会広島県部会の放射線障害対策委員長として、今夏、ジュノーの会の計画を大きく支えていただいた。セルゲイ、オーリャ、エレーナたちも、杉原先生が大好きになって帰っていった。)

　医学「研究」の世界のみに限った場合、こうした原爆投下後の惨状の中での医師たちの苦闘と、やがて死者となる被爆者の、生者としての苦痛は、これまで、どのような価値を与えられてきたのだろうか。また、死者にはどのような尊厳が付与されてきたのだろうか。
　ヒロシマの死者たち——その死の意味は深く追求されてきたと言えるだろうか。

　私は「ジュノーの会・第1回チェルノブイリ派遣代表団」の仕事のうち、ある一点のみを書こうとしているにすぎない。その一点とは、甲状腺に関わることである。
　周知のとおり、事故後5年を経て、チェルノブイリ事故被災地では子どもたちの甲状腺障害が大問題となっている。ヒロシマでは子どもの甲状腺ガンはないとされてきたが、今チェルノブイリでは甲状腺ガンのた

め多くの子どもたちが死んでいっているというのである。

　素人の強みで極めて大ざっぱに言わせてもらえば、このことに関しては、主として二つの立場が見受けられる。一つは主にソ連の第一線の現場の近くにいる人たちの立場で、「多くの患者さんが甲状腺ガンで死んでいく。放射線の影響以外には原因は考えられないが、ヒロシマとチェルノブイリはまったく違うようであるから、ヒロシマの経験は参考にならないかもしれない」というものであり、今一つは主にヒロシマのデータの蓄積の中から発言する人々の立場で、「放射線の影響によるものとは断定できない。ヒロシマの46年の蓄積を無視する非科学的な議論が横行している」というものである。

　このような事情もあって、佐藤先生は今回、甲状腺の専門医の同行を強く望んで居られた。また、甲状腺なら広島大学第二外科の武市宣雄講師しかいないと、前々から心に決めておられたとのことである。一方、その「意中の人」武市先生は、この20年余り「甲状腺ひとすじ」に被爆医療に携わってこられ、原爆と甲状腺の関係については、直接診察することの不可能な被爆時および被爆直後の死者の症例を除いてすべてを研究してこられた方だとのことであるが、佐藤先生の要請に対し「私も是非行きたいと思っていました」と、その場で直ちに積極姿勢を示され、ヒロシマの甲状腺専門家の現地での診察が実現することになったのであった。

　ヒロシマで甲状腺ガンが初めて見つかったのは、被爆後12年目である。被爆時に子どもであった人でも大人になってから発病しているため、広島では、子どもの甲状腺ガンは極めて珍しいものと思われてきて、事実、広島大学ではこれまで14歳以下の患者さんは数例、そのうちガンと断定できるのは僅かに1、2例しかなかったとのことである。また、治癒率の高い高分化型のものから、年齢が進むにつれて、低分化型～未分化型という順で治癒率の低いものへ変性していくのだそうであるが、広島ではこれまで若者の甲状腺ガンでの死亡例はゼロで、若年層に低分化型～未分化型甲状腺ガンは見られなかったのである。つまり、ヒロシマでの知見によれば、甲状腺ガンは、10年以上の「潜伏期」の後、まず治癒率

の高い高分化型ガンとして現れた後、放置しておくと数十年を経過する中で、より危険度の高い低分化型、未分化型へと進行することもありうる、というものだったのである。長年甲状腺一筋に被爆者の方と接してこられた武市先生としては、チェルノブイリの子どもたちに現れていると噂される甲状腺疾患を診察したいという情熱に駆られて居られたのである。

　一方、キエフ小児科・産科婦人科研究所の「チェルノブイリの子ども診療科」チーフである小児科医のアンチプキン先生は、広島滞在中に、「実は、甲状腺が硬くなっている子を連れてきたかった。ヒロシマの甲状腺専門家に是非診察していただきたい」と、汚染地帯の子どもたちの甲状腺の診療を武市先生に依頼されたのであった。そこで、武市先生はいくつかの予測を立てて現地に赴かれ、アンチプキン先生は、汚染地帯を預かるチェルニゴフ第二病院に武市先生を迎えるべく準備を整えて待って居られたのである。(ちなみに、この病院はセルゲイ君の故郷ミハイルコツビンスキー村にあって、セルゲイ君もお母さんとともに訪ねてきてくれたとのこと。)

　チェルニゴフ第二病院での、9月4日、5日の2日間＝40人の患者さんに対する診察……思えば、この瞬間に、どれほど多くの人たちの心と努力と期待が込められていたことだろう。基金を寄せてくださった方々、裏方の仕事を黙々と続けてくれた仲間たち、さまざまな精神的支援を届け続けてくださった方々、メンバーのそれぞれの無茶なスケジュールを耐えてくださった家族の方々……。なによりも、チェルニゴフ周辺の病気に怯える子どもたち、その家族の人々、診療に明け暮れるお医者さんたち……。報道者としての役割をなげうってまで動いてくださった山内さん、当日は武市先生の助手役を務めてくださった奇形に関する世界的権威・佐藤教授、患者さんの気持ちをロシア語で巧みにほぐして診療を行き届いたものにしてくださったソ連での医師資格を持つ山田さん、それに、1000万円相当の医療器具・医薬品を提供してくださったカタログハウス社（早い話が、武市先生が使用されたエコーもカタログハウス社の提供なのだ）……たくさんの人の力だ。

この40人の患者さんは、ほとんどが15歳以下の子どもたちであったが、武市先生の診察では、40例中17例が「萎縮して硬い」、11例が「腫大して硬い」、5例が「結節腫瘤あり」（うち3例は触診で、2例はエコーで）、1例が「腫大」、6例が正常であった。

　武市先生の話では、40例中34例までが放射線の影響と考えられるが、特に17例に見られた「萎縮して硬い」症状は放射線の影響以外の原因はまず考えられない。病状としては、「萎縮して硬い」「腫大して硬い」「結節腫瘤」はガンの可能性があるため、注意を要する。また、キエフ内分泌代謝研究所などで病例を顕微鏡で調べたところによると、チェルノブイリではすでに甲状腺がんによる幼児・児童死亡例が少数ならず見られるのみならず、幼児死亡例の中にさえすでに低分化型ガンが見られるとのことである。

　この重大な結果は、一見、ヒロシマの知見と大きく食い違っているように思える。これほど食い違えば、逆に、ヒロシマとチェルノブイリはまったく別の事件であって、ヒロシマの経験はチェルノブイリには役に立たないという意見が力を得るかもしれない。第一、これほどヒロシマのデータと食い違うのに、これらのガンが本当に放射線の影響によるものだと証明できるか？　という例によっての「科学的」な卓説までも力を得てくるかもしれない。

　ところが、やはり、ヒロシマとチェルノブイリは同じものなのである。被爆後の広島にあっては、一日先に何が起こるか分からないという状態で悪戦苦闘を続けていたわけで、甲状腺ガンのことなどまったく知られていなかったため、記録に残っていないだけかもしれないのである。ヒロシマでも当時の医師たちがそれと気づかぬまま低分化型の甲状腺ガンで亡くなった幼児がいたという可能性は充分考えられる。ただ、後障害は、チェルノブイリのほうが比較を絶して重いのだ。

　それでも、チェルノブイリの甲状腺ガンと放射線との因果関係は立証されない、と論じる「科学者」は当然出てくるだろう。

自分のようなヒロシマの医師にしかおそらく分からないだろう、と武市先生は言われる。甲状腺の「萎縮して硬い」症例は、武市先生でさえこれまで診たことのないものだったそうだ。誰にも分からないかも知れない。

　ただ、武市先生は意識のどこかで覚えておられたのだそうである。かつて勉強した書物の中に、ヒロシマ原爆投下直後2週間以内の被爆死者と、2週間後〜3カ月後くらいまでの間の被爆死者の病理解剖所見が記述されていて、その中に1行、これら被爆直後の死者の甲状腺に「濾胞の萎縮」が見られたという記述があったのを。

　私は、もちろん想像をたくましくしている。「萎縮」した甲状腺を残された方々は、杉原先生が書き記されたような夫や妻、父や母、子どもたちであったことだろう、と。いま、武市先生の研究の蓄積を媒介として、そうしたヒロシマの死者たちが甦り、私たち生者に真実を知らしめようとしているのである。

　ヒロシマでも「甲状腺の萎縮」はあったのだ。ただ、それらの人々は、被爆時、あるいは被爆後2週間以内、さらに長らえたとしても数カ月以内に亡くなっているのである。「萎縮して硬い」甲状腺の持ち主がチェルノブイリでは生存し、ヒロシマでは生存しえなかったのは、ヒロシマでのほうが熱線・熱風・栄養失調その他の要因で体力が一層衰えていたからにちがいない。今チェルノブイリでは、ヒロシマで被爆直後の人々にのみ現れ、その症状を呈した人々はすべて短時日の内に亡くなってしまったという、それほど重大な甲状腺障害が急増しているのである。チェルノブイリは真のカタストロフィー（大破局）だったのである。

　今後の推移もヒロシマを深く研究し直すことによって見えてくるはずだ。たとえば、幼児・児童の低分化ガンは治癒できるのか？　ヨードによる甲状腺障害に続いて出てくるはずの、セシウムによる白血病などの発病はどの程度の規模になるのか？　そうした難問に対しても、ヒロシマに立ち返ることによって、必ず解決の糸口が見えてくるに違いない。

　武市先生は、これから、まもなく「甲状腺大災害」が始まる、と予見

されている。今まで１例あるかないかだった小児甲状腺ガンが数十例出たのであるから、もうそれだけですでに大災害であるが、まだ事態は始まろうとしている段階にすぎない。すべてはこれから、とのことである。

しかしまた、「ヒロシマのこれまでの知見を生かせば、少なくとも甲状腺に関しては打つ手がある」とも、武市先生は言われるのである。甲状腺ガンは、高分化型から低分化型へ、低分化型から未分化型へと、治癒率の低い、転移しやすいものへと変性していくのであるが、高分化型の甲状腺ガンの治癒率は90％以上で、腕のよい外科医だと、ほとんど百パーセントに近い治癒率を出せると言ってもいい。

したがって、「早期診断、早期手術」「早期発見、早期治療」システムを整備していくことで、甲状腺大災害は防げるのである。

ヒロシマの体制を現地へ持っていきさえすればいいのであって、必要な医療機器も高価なもののみが大切とは考えられない。今すぐ必要な物はむしろ、メスなどの手術道具、固定液、写真入り医学書など概して安価な日常的な必要物で、今の市民運動の力で充分供給できるのではないか、とのことである。ただし、今すぐ「早期診断、早期手術」システムを整えない限り「甲状腺大災害」は食い止められない。

武市先生は、もう一度すぐにでも飛んで行きたいと言われている。これはヒロシマがしなければならないことだ、ヒロシマが「甲状腺大災害」を食い止めなければならない、と。

私は前号「山代巴を読む会ニュース」の「後記」に、ヒロシマ研究を深めたい、と書いた。しかし、あの時点では、まだ、ヒロシマがチェルノブイリを照射する、との確信を持っていたわけではなかった。「ヒロシマで起きたことを掘り下げて行けば行くほど、チェルノブイリの真実が見えてくるはずだ。見えてこないとすれば、それは私たちのヒロシマ研究が浅いため、大切なことを見落としてしまっているからだ」という漠然とした方向性の予感があったにすぎない。前方に見える、ぼんやりとした灯りに導かれて走り書きしてみただけであった。今あらためて、同じことを記しておきたい。――ヒロシマ研究を深めよ、と。

私たちの行動は結局、被爆死を遂げた人々によって裁かれることになる。そして、多くの人の命が被爆死を遂げた人々によって救われていくことになる。チェルノブイリのカタストロフィー（大災害）の淵に呆然と佇む私たちは、死者たちによってのみ導かれる存在なのであろう。

　いま、ヒロシマの死者たちが甦る。私たちはこれから、死者たちが指し示してくれる道をひとすじに歩むことになる。それが癒しへの確実な道である。

　私たちはヒロシマの地で祈りを深め、死者たちの声に耳を澄ませていこう。死者たちは武市先生の学問を通して甦り、チェルノブイリとヒロシマの甲状腺障害の接点を証明してみせてくれたではないか。これからも、ヒロシマの死者たちは次々に甦り、世界のヒバクシャを救おうとするであろう。

　実行するのは、私たち生者である。

　今すぐ、武市先生をもう一度チェルノブイリへ！

　みなさん、ありがとう。

（『山代巴を読む会ニュース』第78号より）

（「山代巴を読む会ニュース」は後年「叢書・民話を生む人びと」のシリーズとして刊行を予定しています）

変わらぬ心

　あの、ミハイル・コツビンスクの村を訪れて、18年になろうとしている。1992年1月20日。診療拠点のチェルニゴフ地区第2病院に到着したのは、もう日が暮れかけた午後4時半ごろのことだった。責任者の医師に案内され、2階に上がると、暗い廊下で待つ、数十組の親子の姿が目に飛び込んできた。どの顔にも疲れと不安の表情があった。「ヒロシマから専門の医師が来る」との知らせを聞き、昼過ぎから待っていたのだという。キエフから約3時間の車での移動を考慮して、その日は診察の予定はなかったが、二人の日本人医師は、白衣に腕を通すのももどかしく、子どもたちの問診を始めた。

　5日間の滞在中、人波は絶えなかった。結果はもう出たか、と何度も聞きに来た母、2日がかりで辛抱強く順番を待っていた親子。「検診もうれしいが、薬は持ってきてくれましたか」と目をのぞき込みながら、尋ねた人たち。チェルノブイリ原発事故後、まともな治療を受けることなく、置き去りにされていた人々の焦りがあった。その大きすぎる期待に、ちっぽけな草の根団体が、果たしてどこまで応えられるのだろうか。とても複雑な気持ちになったことを覚えている。「あなたたちは誤解していないだろうか。我々は公的機関から派遣されたグループでもなんでもない。1日10円、100円とコツコツためた募金をもとにして、ようやくこの村までたどり着いた、民間団体なのですよ。十分な薬や診察機器の提供はとても難しいことだし、次の派遣だって可能かどうか」

　現場の空気、交わされる言葉の数々を余す所なく伝えたいと、取材に没頭する一方で、そんな言葉が何度も口に出かかった。とてつもなく大きく広げた風呂敷を、いったいどうするつもりなのかと、会の将来について冷静に考えている自分が確かにいた。

甲斐さんと初めてあったのは1990年の春のことだ。私は広島県府中市に異動したばかりだった。あの人懐こい笑顔を浮かべながら、突然、仕事場のマンションに訪ねてこられた、と記憶している。会員からの募金で作る「ジュノー基金」の活動は始まったばかりだった。基金の名前すらなかったと思う。その年の秋に開かれた集いでは、現地を訪れた経験のある医師が「被ばくした子どもを一人でも広島に招けば必ずルートができる」と皆を励ました。そして１年間でたまった26万4996円の利用法が議題となった。「チェルノブイリの実情を把握するための渡航費に使えば」「まず、運動の和を広げることが大切だろう」。そんな熱い議論を、私は幾分冷めた思いで聞いていた、と白状する。「そうは言っても、たった26万円だぞ。いったい何ができるというのか」と。だから、翌年、会が初めての被ばく者調査団を派遣した時には、心底驚いた。まさか、本当に実現するとは思っていなかった。人間の「良心」に懐疑的である、新聞記者の性分を、恥ずかしく思った。

　91年秋の報告会は、延々５時間に及んだ。第１次調査団のメンバーが現地の詳しい状況を報告し、「一刻も早い時期に第２陣の派遣、診療を」と訴えた。「ヒロシマの医師だからこそ的確な判断ができた」と成果を喜ぶ声が上がる一方、「医療援助は本来、ヒロシマの行政や医療機関が考えるべき。市民グループとしてやるべきことは他にもある」と、活動の方向性に疑問を投げかける意見が少なくなかったのだ。派遣や被ばく児童の日本への招待で、基金は50万円余りに減っていた。「募金ばかりが活動か」「手紙をやり取りし、心の交流を深めるなど、やることはいくらでもある」。
　その通り、もはや「草の根」の範囲を超えている、行政や公的機関と手を結んでの活動を模索するのが現実的ではないか。報告会の翌日、私は、そんな趣旨の原稿を書いた。記事には「揺れるドクター・

ジュノーの会　積極協力か地道な交流か」という見出しが付いた。ただ、甲斐さんは、それでも前を向いていた。「死者がどんどん増える可能性がある以上、誰かが助けなければ。できれば派遣は続けたい」と。

　会報「ジュノーさんのように」をまとめた本書を読むと、そんな当時の記憶が克明に蘇ってくる。最も驚くべきことは、会の活動が現在進行形である、ということだろう。しかも設立当初の志の純度は保ったままである。高い理想を掲げて、華々しい成果をあげる活動団体は、あるにはある。ところが、残念なことに、途中で挫折してしまうケースが少なくない。活動方針を巡る意見の対立や資金の行き詰まり、目標を達成したことによる充足感、膨大な事務作業によるスタッフの慢性的な疲労、等々。おそらく、ジュノーの会も、これらの問題を抱えていたはずだ。けれど、その歩みを決して止めなかった。今なお、定期的に届く、「ジュノーさんのように」を通して、当時の寸法も変わらぬ甲斐さんの思いに触れる自分がいる。こんな会は、他に見たことがない。
　府中を出た後、一度、甲斐さんを訪ねたことがあった。2006年のことだ。その時の言葉がまた、印象に残っている。「小さな会がここまでのことをやれた。300％ぐらいの達成度を感じる。でも、まだまだ」。現地への派遣は既に38回を数えていて、あの26万4996円を巡る真摯でぎりぎりの議論を見、記事にした私からすれば、とてつもなく大きく見える成果も、甲斐さんにとっては「まだまだ」なのだ。「変わらない、甲斐さんは本当になにも変わらない」とつくづく思ったものだ。
　いつ、重い病を発症するかもしれないという不安を抱える被ばく者が大勢いて、遠く離れたヒロシマから、日本から届く支援を待ち望んでいる。そんな生の姿が十分に伝わらない状況にもどかしさを

覚えつつ、「それでも前に進むしかない」と足跡を重ねてきた、甲斐さん、そしてジュノーの会のメンバー、支援者の方々を前に、頭(こうべ)を垂れるばかりである。

読売新聞大阪本社　文化・生活部

西井　淳

「ジュノーさんのように」1
ヒロシマの医師をチェルノブイリへ・
チェルノブイリの子どもたちをヒロシマへ
──叢書・民話を生む人びと──

2010年11月25日　第1刷発行

定　価	本体1500円+税
編　者	ジュノーの会（代表・甲斐等）
発行者	宮永捷
発行所	有限会社而立書房
	〒101-0064 東京都千代田区猿楽町2丁目4番2号
	振替 00190-7-174567 / 電話 03（3291）5589
印　刷	株式会社スキルプリネット
製　本	有限会社岩佐製本

落丁本・乱丁本はおとりかえいたします。
ⒸJunod no kai, 2010, Printed in Tokyo
ISBN 978-4-88059-360-9 C0395

「叢書・民話を生む人びと」刊行に際して

　1940年、治安維持法違反によって投獄された山代巴は、敗戦による出獄の際、戦前・戦中の共産党の運動に従事し獄死した夫吉宗をはじめとする多くの同志たちの志を継ぐべく、改めて決意した。しかし、目前に展開する戦後の運動は、その意とするところとは異なる方向へ進展していった。

　45年8月、山代巴は故郷広島の山間の村へ帰った。そして十数年、農村の民主化運動に取り組み、あるいは原爆被災の実態調査を独自に行い、また婦人の読書会を組織した。その過程の中から、作品『蕗のとう』『荷車の歌』『民話を生む人びと』『この世界の片隅で』などが生まれた。

　そのかたわらでは、読書会を構成する人たちの中から、文集『みちづれ』および『みちづれニュース』が刊行され、みずから考え、行動する婦人たちが生まれてきた。みずからの力で、みずからを解放しようとする人たちである。

　ここに刊行する叢書は、その一人ひとりの、その時どきの歩みの全記録である。これは、さらなる未来へ向かっての反省の材料である。したがって、第一期では、一人一冊とし、文集『みちづれ』、機関誌『みちづれニュース』ではいずれもペンネームで発表されていたものを、この機会に実名にした。当時は、だれが書いたのかわからないようにする必然があったが、いまでは、自分のなまえで、すなわち自己の責任において行動する必要が生まれてきたからである。

　自分たちの要求が「お願い」さえすれば天から与えられるものと思っている人たちにとっては、ここに収録した人たちの、もの言いなり行動が信じられぬほど迂遠にみえることだろう。それでもこの叢書を刊行するのは、試行錯誤をくりかえし、紆余曲折を経ながらもなおかつ運動を持続しつづけて今日にいたり、さらに明日へ向かって歩んで行こうとする人たちが、ここにいるからである。そして、この人たちの真の姿を行間から読みとる人たちがいると信ずるからであり、このような現実の生活の場における民主化運動が全国各地に広がることを願うからである。

　くりかえして言う。この叢書は、回想記でもなければ、生活記録でもない。一日一日を生き継いで今日にいたった人たちの、明日へのたたかいのための、告発の書であり、宣言の書である、と。

　1977年3月

「叢書・民話を生む人びと」再刊に際して

　「叢書」の刊行を中断してからすでに三十数年が経ちました。刊行は中断されましたが、人びとの活動は続いておりました。「山代巴を読む会」を組織して月1回の読書会を開き、自分たちの問題を考え続けておりました。そして、その都度「ニュース」を発行して、自分たちの活動を確認しておりました。このたび、その「ニュース」を叢書として刊行させていただくことになりました。「民話」は語り継ぐものだけではなく、無名の人たちが生み出すものでもあることが改めて確認できました。その手伝いができることは小社の何よりの喜びでございます。

　2010年11月

而立書房